陕西省绿色建筑工程基价表

（2025）

批准部门：陕西省住房和城乡建设厅
主编单位：陕西省建设工程造价服务中心
软件支持：广联达西安科技有限公司
实施日期：2025年7月1日

中国计划出版社
北京

图书在版编目（CIP）数据
陕西省绿色建筑工程基价表. 2025 / 陕西省建设工程造价服务中心主编. -- 北京 : 中国计划出版社, 2025. 6（2025. 8重印）. -- ISBN 978-7-5182-1862-2
Ⅰ. TU723.34
中国国家版本馆 CIP 数据核字第 2025ZL4168 号

陕西省绿色建筑工程基价表（2025）
SHAANXI SHENG LÜSE JIANZHU GONGCHENG JIJIABIAO（2025）
陕西省建设工程造价服务中心　主编

责任编辑：秦　洁　　封面设计：韩可斌

中国计划出版社出版发行
网址：www.jhpress.com
地址：北京市西城区木樨地北里甲 11 号国宏大厦 C 座 4 层
邮政编码：100038　电话：（010）63906433（发行部）
北京厚诚则铭印刷科技有限公司印刷

880mm × 1230mm　1/16　4.5 印张　147 千字
2025 年 6 月第 1 版　2025 年 8 月第 2 次印刷

定价：18.00 元

本书编委会

总　　　编： 李卫军

副　总　编： 张　丹　陈永兵　崔建明　杜产阳

本书编写人员名单

主　　　编： 史媛媛　王　萍　贺渤伦

编 写 人 员： 王江锋　刘　英　毛　婷　魏　芳　薛　沛　徐　军

软 件 操 作： 任全龙　郭继庆　路燚桓

陕西省住房和城乡建设厅关于印发2025陕西省建设工程费用规则等计价依据的通知

陕建管发〔2025〕10号

各设区市住房和城乡建设局，杨凌示范区住房和城乡建设局，各相关企业：

为贯彻落实《住房和城乡建设部办公厅关于印发工程造价改革工作方案的通知》（建办标〔2020〕38号）及《陕西省住房和城乡建设厅关于印发〈陕西省建设工程造价改革工作实施方案〉的通知》（陕建发〔2020〕1109号）精神，依据《陕西省建设工程造价管理办法》，我厅组织修编了《陕西省建设工程费用规则》及6个专业配套基价表、《陕西省房屋建筑与装饰工程消耗量定额》等6个专业消耗量定额、施工机械台班费用定额、仪器仪表台班费用定额（详见附件），现予以印发，自2025年7月1日起实施，并提出以下意见，请一并贯彻执行：

一、2025年7月1日起新开工的建设工程执行新的计价依据；2025年7月1日前的在建工程（包括已招投标或已签订合同的工程）仍按原约定的计价依据执行。

二、原2004《陕西省建筑装饰工程消耗量定额》《陕西省安装工程消耗量定额》《陕西省市政工程消耗量定额》《陕西省园林绿化工程消耗量定额》、2009《陕西省建设工程工程量清单计价规则》、2009《陕西省建设工程工程量清单计价费率》、《陕西省建设工程消耗量定额（2004）补充定额》、2009《陕西省建筑装饰市政园林绿化工程价目表》《陕西省安装工程价目表》于2025年7月1日起停止使用。

三、上述计价依据的日常管理及技术内容解释由陕西省建设工程造价服务中心具体负责。

附件：2025陕西省建设工程计价依据汇总表

陕西省住房和城乡建设厅

2025年3月17日

附　件

2025陕西省建设工程计价依据汇总表

序　号	名　称
1	陕西省建设工程费用规则（2025）
2	陕西省房屋建筑与装饰工程基价表（2025）
3	陕西省通用安装工程基价表（2025）
4	陕西省市政工程基价表（2025）
5	陕西省园林绿化工程基价表（2025）
6	陕西省城市地下综合管廊工程基价表（2025）
7	陕西省绿色建筑工程基价表（2025）
8	陕西省房屋建筑与装饰工程消耗量定额（2025）
9	陕西省通用安装工程消耗量定额（2025）
10	陕西省市政工程消耗量定额（2025）
11	陕西省园林绿化工程消耗量定额（2025）
12	陕西省城市地下综合管廊工程消耗量定额（2025）
13	陕西省绿色建筑工程消耗量定额（2025）
14	陕西省建设工程施工机械台班费用定额（2025）
15	陕西省建设工程施工仪器仪表台班费用定额（2025）

使用说明

为配合陕西省工程建设标准《建设工程工程量清单计价标准》DB 61/T 5126—2025 实施，规范建设工程计价活动，编制了《陕西省绿色建筑工程基价表（2025）》（以下简称基价表）。

一、基价表是以《陕西省绿色建筑工程消耗量定额（2025）》为基础编制，是《陕西省绿色建筑工程消耗量定额（2025）》的价格表现形式。基价表中只反映价格，不反映消耗量，需与消耗量定额配套使用。

二、基价表适用于陕西省行政区域内绿色建筑工程的新建工程。

三、基价表与《陕西省绿色建筑工程消耗量定额（2025）》《陕西省建筑工程计价规则（2025）》等计价文件配套使用。

四、基价表是编制最高投标限价、施工图预算的依据。也可作为施工企业编制投标报价和企业定额的参考依据。

五、基价表是按正常的施工条件、大多数建筑企业的施工机械装备程度、合理施工工期、施工工艺、劳动组织为基础，并充分考虑我省目前建筑市场实际情况编制，反映了我省建筑企业的社会平均水平。

编制最高投标限价和施工图预算时，除《陕西省绿色建筑工程消耗量定额（2025）》和本基价表中规定允许调整、换算的项目外，均不得因具体的施工条件、方法不同而对基价表中的各要素单价进行换算。

六、基价表表现形式：

基价表包含基价、人工费、材料费、施工机具使用费、企业管理费、利润；材料费中未包含未计价材料费；计量单位执行《陕西省绿色建筑工程消耗量定额（2025）》规定，各费用组成以“元”计价。基价表编号、项目名称与《陕西省绿色建筑工程消耗量定额（2025）》是对应一致的。人工费中的人工工日消耗量、材料费的材料规格及消耗量（包括未计价材料）、施工机具使用费中的施工机具台班消耗量与《陕西省绿色建筑工程消耗量定额（2025）》是对应一致的。

七、人工费：

人工费综合工种人工工日消耗量按照《陕西省绿色建筑工程消耗量定额（2025）》计算，一类工日单价 155 元/工日，二类工日单价 160 元/工日，三类工日单价 215 元/工日。人工工日单价含个人缴纳的社会保障保险费用，未包含用人单位缴纳的建筑工人社保费用。

八、材料费：

1. 基价表所采用的建筑装饰材料、安装材料、半成品、成品等材料均为符合国家相关质量标准和相应设计要求的合格产品。

2. 材料费包括：材料原价（或供应价格）、材料运杂费、运输损耗费、采购及保管费等费用。

3. 材料基期价格是按 2024 年 11 月份市场价综合取定的，单价详见附录：材料价格明细表。

4. 未计价材料数量应按《陕西省绿色建筑工程消耗量定额（2025）》中带括号“(× × ×)”的数量计算，按设计图纸要求的类型、规格、型号和陕西省工程建设标准《建设工程工程量清单计价标准》DB 61/T 5126—2025 规定确定单价，计入材料费。

5. 基价表中的混凝土、砌筑砂浆、抹灰砂浆、装配式构件、金属构件等单价，均为到施工现场价格。

6. 基价表中的混凝土、砌筑砂浆、抹灰砂浆和各种胶泥等，均按消耗量定额取定的强度等级考虑，使用时，可按设计图纸要求的强度等级进行换算。

7. 基价表中木材种类和规格是按照消耗量定额规定计取的，如施工图设计种类和规格与基价表不符时，可按《陕西省绿色建筑工程消耗量定额（2025）》换算系数调整。

8. 基价表中材料费包含其他零星材料费用。

9. 本基价表中的材料（包括计价材料和未计价材料）单价，是建安工程费用计价的基本价格，在计算工程造价时，对所有材料的单价（包括计价材料和未计价材料）均实行市场化运作，可参照市场的价格执行。

九、施工机械使用费：

基价表中施工机具使用费台班单价是按《陕西省建设工程施工机械台班费用定额（2025）》、《陕西省建设工程施工仪器仪表台班费用定额（2025）》计算，机上人工执行综合三类工日单价。

十、企业管理费：

基价表中企业管理费是按照《陕西省建设工程费用规则（2025）》的费率计取，计费基础为人工费。

十一、利润：

基价表中利润是按照是按照《陕西省建设工程费用规则（2025）》的费率计取，计费基础为人工费。

十二、《陕西省绿色建筑工程消耗量定额（2025）》的说明、工程量计算规则、工作内容均适用于本基价表。

十三、本基价表包括以下内容：

第一章 节地与室外环境；第二章 节能与能源利用；第三章 节水与水资利用；第四章 节材与材料资源利用；第五章 室内环境工程。

十四、本基价表适用符合现行国家标准《绿色建筑评价标准》GB/T 50378 二星及以上标准的施工项目，缺少内容可以使用其他专业子目来弥补。

十五、本基价表中注有“×××以内”或“×××以下”者，除有注明外，均包括“×××”本身；“×××以外”或“×××以上”者，除有注明外，均不包括“×××”本身。

十六、本说明未尽事宜，详见消耗量定额及基价表中说明。如本基价表说明与消耗量定额各章节说明不符时，应以本基价表说明为准。

十七、本基价表由陕西省建设工程造价服务中心负责解释和日常管理工作。

目　　录

第五章　室内环境工程

附　　录

第一章

节地与室外环境

一、屋 顶 绿 化

1. 绿化基层及土方

编号	项目名称	单位	基价	人工费	材料费	施工机具使用费	管理费	利润
1-1	耐根穿刺改性沥青卷材	$100m^2$	8605.72	443.20	8002.48	0.00	82.21	77.83
1-2	土工布过滤层	$100m^2$	557.41	195.84	290.85	0.00	36.33	34.39
1-3	排水板	$100m^2$	1895.20	148.16	1693.54	0.00	27.48	26.02
1-4	陶料蓄水层 厚度（cm） 18	$100m^2$	5520.79	639.04	4650.99	0.00	118.54	112.22
1-5	铺设透水管 外径（mm） ≤110	10m	389.04	124.64	219.39	0.00	23.12	21.89
1-6	铺设透水管 外径（mm） ≤200	10m	977.72	177.76	671.31	64.47	32.97	31.21
1-7	屋顶花园土方 成品种植土	m^3	95.66	44.95	34.48	0.00	8.34	7.89
1-8	屋顶花园土方 掺料种植土	m^3	229.14	77.50	123.65	0.00	14.38	13.61
1-9	绿地细平整	$10m^2$	105.49	77.50	0.00	0.00	14.38	13.61

2. 苗 木 种 植

（1）乔　　木

编号	项目名称	单位	基价	人工费	材料费	施工机具使用费	管理费	利润
1-10	栽植乔木 带土球 土球直径（cm）≤20	10株	3528.51	96.00	3397.84	0.00	17.81	16.86
1-11	栽植乔木 带土球 土球直径（cm）≤40	10株	3997.42	440.00	3398.54	0.00	81.62	77.26
1-12	栽植乔木 带土球 土球直径（cm）≤60	10株	4224.54	604.80	3401.35	0.00	112.19	106.20
1-13	栽植乔木 带土球 土球直径（cm）≤80	10株	4591.05	872.00	3404.17	0.00	161.76	153.12
1-14	栽植乔木 带土球 土球直径（cm）≤100	10株	6183.43	2035.20	3413.32	0.00	377.53	357.38
1-15	栽植乔木 带土球 土球直径（cm）≤120	10株	7469.59	2976.00	3418.95	0.00	552.05	522.59
1-16	栽植乔木 裸根 胸径（cm） ≤4	10株	3528.51	96.00	3397.84	0.00	17.81	16.86
1-17	栽植乔木 裸根 胸径（cm） ≤6	10株	3634.43	172.80	3399.24	0.00	32.05	30.34
1-18	栽植乔木 裸根 胸径（cm） ≤8	10株	3818.78	307.20	3400.65	0.00	56.99	53.94
1-19	栽植乔木 裸根 胸径（cm） ≤10	10株	4107.65	518.40	3402.06	0.00	96.16	91.03
1-20	栽植乔木 裸根 胸径（cm） ≤12	10株	4633.13	902.40	3404.87	0.00	167.40	158.46
1-21	栽植乔木 裸根 胸径（cm） ≤14	10株	5393.81	1459.20	3407.69	0.00	270.68	256.24
1-22	栽植乔木 裸根 胸径（cm） ≤16	10株	5556.23	1574.40	3413.32	0.00	292.05	276.46

（2）灌木、藤本

编号	项目名称	单位	基价	人工费	材料费	施工机具使用费	管理费	利润
1-23	栽植灌木、藤本 带土球 土球直径（cm）≤30	10株	932.41	144.00	736.41	0.00	26.71	25.29
1-24	栽植灌木、藤本 带土球 土球直径（cm）≤40	10株	1129.81	288.00	737.82	0.00	53.42	50.57
1-25	栽植灌木、藤本 带土球 土球直径（cm）≤50	10株	1340.28	441.60	739.22	0.00	81.92	77.54
1-26	栽植灌木、藤本 带土球 土球直径（cm）≤60	10株	1838.22	806.40	740.63	0.00	149.59	141.60
1-27	栽植灌木、藤本 带土球 土球直径（cm）≤70	10株	1865.77	825.60	742.04	0.00	153.15	144.98
1-28	栽植灌木、藤本 带土球 土球直径（cm）≤80	10株	2572.77	1344.00	743.45	0.00	249.31	236.01
1-29	栽植灌木、藤本 带土球 土球直径（cm）≤100	10株	3704.93	2169.60	751.89	0.00	402.46	380.98
1-30	栽植灌木、藤本 带土球 土球直径（cm）≤120	10株	5069.48	3168.00	757.52	0.00	587.66	556.30
1-31	栽植灌木、藤本 裸根 苗木高度（cm）≤50	10株	775.61	28.80	736.41	0.00	5.34	5.06
1-32	栽植灌木、藤本 裸根 苗木高度（cm）≤100	10株	840.95	76.80	736.41	0.00	14.25	13.49
1-33	栽植灌木、藤本 裸根 苗木高度（cm）≤150	10株	893.21	115.20	736.41	0.00	21.37	20.23
1-34	栽植灌木、藤本 裸根 苗木高度（cm）≤200	10株	1025.29	211.20	737.82	0.00	39.18	37.09
1-35	栽植灌木、藤本 裸根 苗木高度（cm）≤250	10株	1235.75	364.80	739.22	0.00	67.67	64.06
1-36	片植灌木、藤本 苗高 50 以内 种植密度（株/m^2）≤9	10m^2	6804.68	137.28	6617.82	0.00	25.47	24.11
1-37	片植灌木、藤本 苗高 50 以内 种植密度（株/m^2）≤16	10m^2	12086.28	237.44	11763.10	0.00	44.05	41.69
1-38	片植灌木、藤本 苗高 50 以内 种植密度（株/m^2）≤25	10m^2	18874.91	364.80	18378.38	0.00	67.67	64.06
1-39	片植灌木、藤本 苗高 50 以内 种植密度（株/m^2）≤36	10m^2	27161.20	512.48	26463.66	0.00	95.07	89.99
1-40	片植灌木、藤本 苗高 50 以内 种植密度（株/m^2）≤49	10m^2	36970.18	698.88	36018.94	0.00	129.64	122.72
1-41	片植灌木、藤本 苗高 50～100 种植密度（株/m^2）≤9	10m^2	1069.38	297.60	664.32	0.00	55.20	52.26
1-42	片植灌木、藤本 苗高 50～100 种植密度（株/m^2）≤16	10m^2	1882.08	516.48	1179.10	0.00	95.81	90.69
1-43	片植灌木、藤本 苗高 50～100 种植密度（株/m^2）≤25	10m^2	2914.95	789.12	1840.88	0.00	146.38	138.57

（3）绿　篱

编号	项目名称	单位	基价	人工费	材料费	施工机具使用费	管理费	利润
1-44	栽植绿篱 单排 高度（cm）≤40	10m	766.51	99.68	630.84	0.00	18.49	17.50
1-45	栽植绿篱 单排 高度（cm）≤60	10m	798.38	122.88	631.13	0.00	22.79	21.58
1-46	栽植绿篱 单排 高度（cm）≤80	10m	850.93	161.28	631.41	0.00	29.92	28.32
1-47	栽植绿篱 单排 高度（cm）≤100	10m	932.22	220.80	631.69	0.00	40.96	38.77
1-48	栽植绿篱 单排 高度（cm）≤120	10m	993.11	265.12	632.25	0.00	49.18	46.56
1-49	栽植绿篱 单排 高度（cm）≤150	10m	1092.76	337.92	632.82	0.00	62.68	59.34
1-50	栽植绿篱 双排 高度（cm）≤40	10m	1428.38	122.88	1261.13	0.00	22.79	21.58
1-51	栽植绿篱 双排 高度（cm）≤60	10m	1462.41	147.68	1261.41	0.00	27.39	25.93
1-52	栽植绿篱 双排 高度（cm）≤80	10m	1557.22	217.12	1261.69	0.00	40.28	38.13
1-53	栽植绿篱 双排 高度（cm）≤100	10m	1682.99	309.12	1262.25	0.00	57.34	54.28
1-54	栽植绿篱 双排 高度（cm）≤120	10m	1882.24	454.88	1263.10	0.00	84.38	79.88

（4）竹　类

编号	项目名称	单位	基价	人工费	材料费	施工机具使用费	管理费	利润
1-55	栽植竹类 散生竹 胸径（cm）≤2	10 株	840.95	76.80	736.41	0.00	14.25	13.49
1-56	栽植竹类 散生竹 胸径（cm）≤4	10 株	893.94	115.20	737.14	0.00	21.37	20.23
1-57	栽植竹类 丛生竹 根盘丛径（cm）≤30	10 丛	919.34	134.40	736.41	0.00	24.93	23.60
1-58	栽植竹类 丛生竹 根盘丛径（cm）≤40	10 丛	1050.74	230.40	737.14	0.00	42.74	40.46
1-59	栽植竹类 丛生竹 根盘丛径（cm）≤50	10 丛	1495.68	556.80	737.82	0.00	103.29	97.77
1-60	栽植竹类 丛生竹 根盘丛径（cm）≤60	10 丛	1627.74	652.80	739.22	0.00	121.09	114.63
1-61	栽植竹类 丛生竹 根盘丛径（cm）≤70	10 丛	1759.82	748.80	740.63	0.00	138.90	131.49

（5）花　卉

编号	项目名称	单位	基价	人工费	材料费	施工机具使用费	管理费	利润
1-62	栽植花卉（片植） 草本花	100 株	463.53	106.72	318.27	0.00	19.80	18.74
1-63	栽植花卉（片植） 球根类	100 株	551.24	170.56	319.09	0.00	31.64	29.95

（6）草　皮

编号	项目名称	单位	基价	人工费	材料费	施工机具使用费	管理费	利润
1-64	栽植草皮 散铺	$10m^2$	297.24	146.88	97.32	0.00	27.25	25.79
1-65	栽植草皮 满铺	$10m^2$	402.78	201.28	128.82	0.00	37.34	35.34
1-66	栽植草皮 籽播	$10m^2$	270.86	105.60	127.13	0.00	19.59	18.54

3. 树木支撑

编号	项目名称	单位	基价	人工费	材料费	施工机具使用费	管理费	利润
1-67	树棍桩 四脚桩	株	43.26	14.08	24.10	0.00	2.61	2.47
1-68	树棍桩 三脚桩	株	27.69	9.60	14.62	0.00	1.78	1.69
1-69	树棍桩 一字桩	株	27.69	9.60	14.62	0.00	1.78	1.69
1-70	树棍桩 长单桩	株	16.48	6.40	7.77	0.00	1.19	1.12
1-71	树棍桩 短单桩	株	9.29	3.20	4.94	0.00	0.59	0.56
1-72	钢丝吊桩	株	29.64	11.20	14.39	0.00	2.08	1.97
1-73	毛竹桩 四脚桩	株	56.80	14.40	37.20	0.00	2.67	2.53
1-74	毛竹桩 三脚桩	株	30.43	9.60	17.36	0.00	1.78	1.69
1-75	毛竹桩 一字桩	株	32.91	9.60	19.84	0.00	1.78	1.69
1-76	毛竹桩 长单桩	株	27.48	6.40	18.77	0.00	1.19	1.12
1-77	毛竹桩 短单桩	株	11.79	3.20	7.44	0.00	0.59	0.56
1-78	草绳绕树干 胸径（cm） ≤5	m	17.95	4.80	11.42	0.00	0.89	0.84
1-79	草绳绕树干 胸径（cm） ≤10	m	31.55	6.40	22.84	0.00	1.19	1.12
1-80	草绳绕树干 胸径（cm） ≤15	m	45.14	8.00	34.26	0.00	1.48	1.40
1-81	草绳绕树干 胸径（cm） ≤20	m	60.93	11.20	45.68	0.00	2.08	1.97

二、垂直绿化

编号	项目名称	单位	基价	人工费	材料费	施工机具使用费	管理费	利润
1-82	龙骨基层 轻钢龙骨	$10m^2$	507.51	158.40	291.25	0.66	29.38	27.82
1-83	龙骨基层 铝合金龙骨	$10m^2$	744.85	180.80	491.11	7.65	33.54	31.75
1-84	龙骨基层 木龙骨	$10m^2$	808.18	187.20	552.86	0.52	34.73	32.87
1-85	墙体绿化 硅酸钙板	$10m^2$	443.11	171.20	210.09	0.00	31.76	30.06
1-86	垂直绿化墙 模块式	$10m^2$	12247.52	1764.80	9845.45	0.00	327.37	309.90
1-87	垂直绿化墙 粘贴式 软式	$10m^2$	221.83	80.00	112.94	0.00	14.84	14.05
1-88	垂直绿化墙 粘贴式 硬式	$10m^2$	279.75	116.80	103.30	17.47	21.67	20.51
1-89	沿口绿化 种植槽	$10m^2$	3645.32	1025.60	2022.32	227.05	190.25	180.10
1-90	绿地垂直绿化隔离墙 膨胀螺栓	100m	9110.80	893.60	7558.42	336.10	165.76	156.92
1-91	绿地垂直绿化隔离墙 预埋	100m	8909.90	708.48	7687.52	258.07	131.42	124.41
1-92	爬藤钢索	10 根	542.63	100.80	405.43	0.00	18.70	17.70

三、绿化养护

1. 乔　木

编号	项目名称	单位	基价	人工费	材料费	施工机具使用费	管理费	利润
1-93	常绿乔木 胸径（cm） ≤ 5	10 株	487.81	334.24	32.88	0.00	62.00	58.69
1-94	常绿乔木 胸径（cm） ≤ 10	10 株	823.98	577.76	37.60	0.00	107.17	101.45
1-95	常绿乔木 胸径（cm） ≤ 20	10 株	1532.74	1092.48	45.76	0.00	202.66	191.84
1-96	落叶乔木 胸径（cm） ≤ 5	10 株	545.07	375.20	34.38	0.00	69.60	65.89
1-97	落叶乔木 胸径（cm） ≤ 10	10 株	910.59	639.36	40.36	0.00	118.60	112.27
1-98	落叶乔木 胸径（cm） ≤ 20	10 株	1690.50	1206.08	48.90	0.00	223.73	211.79

2. 灌木、藤本

编号	项目名称	单位	基价	人工费	材料费	施工机具使用费	管理费	利润
1-99	灌木、藤本 高度（cm） ≤50	10株	43.11	26.88	6.52	0.00	4.99	4.72
1-100	灌木、藤本 高度（cm） ≤100	10株	66.06	41.28	9.87	0.00	7.66	7.25
1-101	灌木、藤本 高度（cm） ≤150	10株	98.65	61.60	14.80	0.00	11.43	10.82
1-102	灌木、藤本 高度（cm） ≤200	10株	148.41	92.80	22.10	0.00	17.21	16.30
1-103	灌木、藤本 高度（cm） ≤250	10株	222.18	138.88	33.15	0.00	25.76	24.39
1-104	片植灌木、藤本	$10m^2$	239.63	154.08	29.91	0.00	28.58	27.06

3. 绿　　篱

编号	项目名称	单位	基价	人工费	材料费	施工机具使用费	管理费	利润
1-105	单排绿篱 高度（cm） ≤50	10m	51.22	31.52	8.32	0.00	5.85	5.53
1-106	单排绿篱 高度（cm） ≤100	10m	57.58	34.40	10.76	0.00	6.38	6.04
1-107	单排绿篱 高度（cm） ≤150	10m	66.55	38.72	13.85	0.00	7.18	6.80
1-108	双排绿篱 高度（cm） ≤50	10m	73.99	45.44	12.14	0.00	8.43	7.98
1-109	双排绿篱 高度（cm） ≤100	10m	84.52	50.72	15.48	0.00	9.41	8.91
1-110	双排绿篱 高度（cm） ≤150	10m	97.70	56.16	21.26	0.00	10.42	9.86

4. 竹　　类

编号	项目名称	单位	基价	人工费	材料费	施工机具使用费	管理费	利润
1-111	竹类 散生竹、丛生竹	10株	70.04	45.92	7.54	0.00	8.52	8.06

5. 花　　卉

编号	项目名称	单位	基价	人工费	材料费	施工机具使用费	管理费	利润
1-112	花卉 草本及球根	$10m^2$	218.33	133.92	36.05	0.00	24.84	23.52
1-113	攀缘植物 生长年数（年） ≤3	10株	124.68	77.92	18.63	0.00	14.45	13.68
1-114	攀缘植物 生长年数（年） ＞3	10株	180.06	116.96	20.86	0.00	21.70	20.54

6. 草　　皮

编号	项目名称	单位	基价	人工费	材料费	施工机具使用费	管理费	利润
1-115	草皮 散铺	$10m^2$	260.92	177.44	19.40	0.00	32.92	31.16
1-116	草皮 满铺	$10m^2$	244.36	165.28	19.40	0.00	30.66	29.02
1-117	草皮 籽播	$10m^2$	279.43	191.04	19.40	0.00	35.44	33.55

四、室外透水地面

1. 透水地面基层

编号	项目名称	单位	基价	人工费	材料费	施工机具使用费	管理费	利润
1-118	级配砂砾石摊铺 厚度（cm） 20	$100m^2$	6910.07	506.24	5618.16	602.86	93.91	88.90
1-119	级配砂砾石摊铺 厚度（cm） 每增减 1	$100m^2$	315.32	25.28	280.91	0.00	4.69	4.44
1-120	碎石摊铺 厚度（cm） 20	$100m^2$	5933.76	520.96	4896.12	328.56	96.64	91.48
1-121	碎石摊铺 厚度（cm） 每增减 1	$100m^2$	280.09	25.92	244.81	0.00	4.81	4.55

2. 透水地面面层

编号	项目名称	单位	基价	人工费	材料费	施工机具使用费	管理费	利润
1-122	透水沥青混凝土（OGFC-13） 厚度（cm） 4	$100m^2$	6831.63	158.72	6514.41	101.19	29.44	27.87
1-123	透水沥青混凝土（OGFC-13） 厚度（cm）每增减 1	$100m^2$	1671.03	13.28	1628.75	24.21	2.46	2.33
1-124	铺筑透水砖	$100m^2$	9795.41	1468.96	7796.01	0.00	272.49	257.95
1-125	现浇透水水泥混凝土面层 厚度（cm） 5	$100m^2$	6868.93	1755.68	4276.36	202.91	325.68	308.30
1-126	现浇透水水泥混凝土面层 厚度（cm） 每增减 1	$100m^2$	885.63	141.28	652.75	40.58	26.21	24.81
1-127	现浇透水彩色水泥混凝土面层厚 3cm	$100m^2$	7052.60	2480.48	3542.11	134.31	460.13	435.57
1-128	现浇洗出石透水水泥混凝土面层厚 3cm	$100m^2$	6367.21	2724.64	2503.26	155.44	505.42	478.45
1-129	透水地面混凝土路面模板	m^2	90.49	48.32	20.84	3.89	8.96	8.48

五、补充项目

1. 墙面绿化

编号	项目名称	单位	基价	人工费	材料费	施工机具使用费	管理费	利润
1-130	墙体绿化 防腐蚀板	$10m^2$	1000.13	170.08	768.63	0.00	31.55	29.87

2. 植草砖铺砌

编号	项目名称	单位	基价	人工费	材料费	施工机具使用费	管理费	利润
1-131	铺筑植草砖	$100m^2$	8265.41	1468.96	6266.01	0.00	272.49	257.95

第二章

节能与能源利用

一、建筑与外围结构

1. 节 能 门 窗

（1）铝合金门节能门窗

编号	项目名称	单位	基价	人工费	材料费	施工机具使用费	管理费	利润
2-1	隔热断桥铝合金门安装 推拉	$100m^2$	51920.57	4725.60	45488.55	0.00	876.60	829.82
2-2	隔热断桥铝合金门安装 平开	$100m^2$	67324.38	5299.20	60111.64	0.00	983.00	930.54
2-3	隔热断桥铝合金普通窗安装 固定	$100m^2$	47194.79	2688.16	43535.94	0.00	498.65	472.04
2-4	隔热断桥铝合金普通窗安装 推拉	$100m^2$	49460.40	2885.76	45532.59	0.00	535.31	506.74
2-5	隔热断桥铝合金普通窗安装 平开	$100m^2$	49821.24	3597.12	44925.20	0.00	667.27	631.65

（2）塑料节能门窗

编号	项目名称	单位	基价	人工费	材料费	施工机具使用费	管理费	利润
2-6	塑料保温成品门安装 推拉	$100m^2$	53673.45	3286.88	49199.67	0.00	609.72	577.18
2-7	塑料保温成品门安装 平开	$100m^2$	44781.40	3975.04	39370.97	0.00	737.37	698.02
2-8	塑料保温成品窗安装 固定	$100m^2$	42080.91	2216.64	39063.84	0.00	411.19	389.24
2-9	塑料保温成品窗安装 推拉	$100m^2$	51291.51	2379.52	48052.75	0.00	441.40	417.84
2-10	塑料保温成品窗安装 平开	$100m^2$	50376.21	2952.00	46358.24	0.00	547.60	518.37

2. 节 能 保 温

（1）屋 面 保 温

编号	项目名称	单位	基价	人工费	材料费	施工机具使用费	管理费	利润
2-11	加气混凝土块 干铺 厚度（mm）180	$100m^2$	6057.35	784.48	4989.60	0.00	145.52	137.75
2-12	加气混凝土块 干铺 厚度（mm）每增减 10	$100m^2$	330.77	39.36	277.20	0.00	7.30	6.91
2-13	加气混凝土块 浆砌 厚度（mm）180	$100m^2$	16075.20	1113.76	14559.26	0.00	206.60	195.58
2-14	加气混凝土块 浆砌 厚度（mm）每增减 10	$100m^2$	408.29	55.68	332.50	0.00	10.33	9.78
2-15	水泥蛭石块 厚度（mm） 100	$100m^2$	2579.95	832.80	1446.43	0.00	154.48	146.24
2-16	水泥蛭石块 厚度（mm） 每增减 10	$100m^2$	246.56	74.88	144.64	0.00	13.89	13.15
2-17	干铺珍珠岩 厚度（mm） 100	$100m^2$	3096.65	473.76	2451.82	0.00	87.88	83.19
2-18	干铺珍珠岩 厚度（mm） 每增减 10	$100m^2$	262.24	42.56	204.32	0.00	7.89	7.47
2-19	水泥炉渣 厚度（mm） 100	$100m^2$	2853.27	1122.08	1326.00	0.00	208.15	197.04
2-20	水泥炉渣 厚度（mm） 每增减 10	$100m^2$	270.02	100.96	132.60	0.00	18.73	17.73
2-21	水泥珍珠岩 厚度（mm） 100	$100m^2$	4923.87	1181.28	3316.03	0.00	219.13	207.43

续前

编号	项目名称	单位	基价	人工费	材料费	施工机具使用费	管理费	利润
2-22	水泥珍珠岩 厚度(mm) 每增减 10	100m^2	476.42	106.40	331.60	0.00	19.74	18.68
2-23	沥青玻璃棉毡 厚度（mm） 30	100m^2	1207.54	200.48	934.67	0.00	37.19	35.20
2-24	沥青玻璃棉毡 厚度（mm） 每增减 5	100m^2	237.46	60.16	155.58	0.00	11.16	10.56
2-25	沥青珍珠岩板(块) 厚度(mm) 80	100m^2	6166.07	1167.68	4576.75	0.00	216.60	205.04
2-26	沥青珍珠岩板（块） 厚度（mm） 每增减 10	100m^2	750.89	131.36	572.09	0.00	24.37	23.07
2-27	干铺岩棉板 厚度（mm） ≤30	100m^2	1553.85	321.92	1115.68	0.00	59.72	56.53
2-28	干铺岩棉板 厚度（mm） ≤50	100m^2	2377.33	380.48	1859.46	0.00	70.58	66.81
2-29	干铺岩棉板 厚度（mm） ≤60	100m^2	2851.58	455.68	2231.35	0.00	84.53	80.02
2-30	干铺岩棉板 厚度（mm） ≤80	100m^2	3720.36	547.52	2975.14	0.00	101.56	96.14
2-31	干铺岩棉板 厚度（mm） ≤100	100m^2	4701.53	721.92	3718.92	0.00	133.92	126.77
2-32	干铺岩棉板 厚度（mm） ≤120	100m^2	5639.78	864.80	4462.70	0.00	160.42	151.86
2-33	粘贴岩棉板 厚度（mm） ≤30	100m^2	2013.24	492.80	1342.49	0.00	91.41	86.54
2-34	粘贴岩棉板 厚度（mm） ≤50	100m^2	3132.48	761.60	2095.86	0.00	141.28	133.74
2-35	粘贴岩棉板 厚度（mm） ≤60	100m^2	3693.77	896.00	2474.22	0.00	166.21	157.34
2-36	粘贴岩棉板 厚度（mm） ≤80	100m^2	4819.70	1164.80	3234.29	0.00	216.07	204.54
2-37	粘贴岩棉板 厚度（mm） ≤100	100m^2	5950.09	1433.60	3998.82	0.00	265.93	251.74
2-38	粘贴岩棉板 厚度（mm） ≤120	100m^2	7084.95	1702.40	4767.81	0.00	315.80	298.94
2-39	硬泡聚氨酯现场喷发 厚度（mm） 50	100m^2	8011.68	1484.80	5990.72	0.00	275.43	260.73
2-40	硬泡聚氨酯现场喷发 厚度（mm） 每增减 5	100m^2	661.04	64.00	573.93	0.00	11.87	11.24
2-41	干铺聚苯乙烯板 厚度（mm） 50	100m^2	1826.24	389.60	1295.96	0.00	72.27	68.41
2-42	粘贴聚苯乙烯板 厚度（mm） 40	100m^2	2401.45	816.00	1290.79	0.00	151.37	143.29
2-43	泡沫玻璃 厚度（mm） 30	100m^2	3932.05	1187.20	2316.15	0.00	220.23	208.47
2-44	泡沫玻璃 厚度（mm） 每增减 10	100m^2	1121.03	314.56	692.88	0.00	58.35	55.24
2-45	无机轻集料保温砂浆 厚度（mm） 30	100m^2	5967.69	2292.96	2725.02	121.73	425.34	402.64
2-46	无机轻集料保温砂浆 厚度（mm） 每增减 5	100m^2	886.92	303.68	453.29	20.29	56.33	53.33
2-47	保温层排气管安装	100m	1784.55	848.00	630.34	0.00	157.30	148.91
2-48	保温层排气孔安装 PVC 管	10 个	312.98	152.64	105.23	0.00	28.31	26.80
2-49	保温层排气孔安装 钢管	10 个	286.91	152.64	77.71	1.45	28.31	26.80

（2）墙面保温

编号	项目名称	单位	基价	人工费	材料费	施工机具使用费	管理费	利润
2-50	无机轻集料保温砂浆 厚度（mm） 25	100m^2	5977.00	2577.92	2352.27	115.93	478.20	452.68
2-51	无机轻集料保温砂浆 厚度（mm） 每增减 5	100m^2	1067.31	424.00	467.02	23.19	78.65	74.45
2-52	硬泡聚氨酯现场喷发 厚度（mm） 50	100m^2	8388.14	1568.00	6253.94	0.00	290.86	275.34

续前

编号	项目名称	单位	基价	人工费	材料费	施工机具使用费	管理费	利润
2-53	硬泡聚氨酯现场喷发 厚度（mm）每增减 5	100m^2	791.71	160.00	573.93	0.00	29.68	28.10
2-54	沥青玻璃棉 厚度（mm） 100	100m^2	3947.79	2056.00	1149.37	0.00	381.39	361.03
2-55	沥青玻璃棉 厚度（mm） 每增减 10	100m^2	265.49	185.12	13.52	0.00	34.34	32.51
2-56	聚苯乙烯板 厚度（mm） 50	100m^2	5464.26	2585.44	1945.22	0.00	479.60	454.00
2-57	泡沫玻璃 厚度（mm） 30	100m^2	4986.28	1768.00	2579.86	0.00	327.96	310.46
2-58	泡沫玻璃 厚度（mm） 每增减 10	100m^2	1487.65	588.96	686.02	0.00	109.25	103.42
2-59	干挂岩棉板 厚度（mm） 50	100m^2	8887.99	4464.00	2812.04	0.00	828.07	783.88
2-60	抗裂保护层 耐碱网格布抗裂砂浆 厚度（mm） 4	100m^2	2672.43	1475.36	664.32	0.00	273.68	259.07
2-61	抗裂保护层 增加一层网格布抗裂砂浆 厚度（mm） 2	100m^2	1326.00	622.72	478.42	0.00	115.51	109.35
2-62	热镀锌钢丝网抗裂砂浆 厚度（mm） 8	100m^2	6941.22	3052.80	2786.06	0.00	566.29	536.07
2-63	单片保温模网	100m^2	3116.37	636.80	2249.62	0.00	118.13	111.82
2-64	发泡水泥板	100m^2	23027.23	1996.80	20309.38	0.00	370.41	350.64
2-65	保温装饰一体板 厚度（mm） 50	100m^2	22986.37	10512.00	8636.99	41.49	1949.98	1845.91
2-66	水泥珍珠岩板 附墙粘贴 厚度（mm） 50	100m^2	6867.43	2592.48	3338.80	0.00	480.91	455.24
2-67	水泥珍珠岩板 附墙粘贴 厚度（mm） 每增减 10	100m^2	1207.26	466.72	572.00	0.00	86.58	81.96
2-68	加气混凝土块 附墙砌筑 厚度（mm） 150	10m^3	6634.87	2206.88	3536.31	94.77	409.38	387.53
2-69	保温石膏板 厚度（mm） 50	100m^2	13956.67	4903.04	7283.15	0.00	909.51	860.97
2-70	外墙保温一体板 外墙面 厚度（mm） 40	100m^2	15048.18	1600.00	12870.42	0.00	296.80	280.96
2-71	外墙保温一体板 柱梁外侧面 厚度（mm） 40	100m^2	16164.97	1920.00	13551.66	0.00	356.16	337.15
2-72	随混凝土浇筑 挤塑聚苯板 厚度（mm） 50	100m^2	3874.01	1280.00	2131.80	0.00	237.44	224.77
2-73	随混凝土浇筑 挤塑聚苯板 厚度（mm） 每增减 10	100m^2	774.80	256.00	426.36	0.00	47.49	44.95
2-74	随混凝土浇筑 膨胀聚苯板 厚度（mm） 50	100m^2	3262.66	1168.00	1672.90	0.00	216.66	205.10
2-75	随混凝土浇筑 膨胀聚苯板 厚度（mm） 每增减 10	100m^2	639.46	224.00	334.58	0.00	41.55	39.33
2-76	厚层保温腻子 外墙 厚度（mm） 20	100m^2	17269.06	2160.00	14329.08	0.00	400.68	379.30
2-77	厚层保温腻子 外墙 厚度（mm） 每增减 1	100m^2	825.54	80.00	716.65	0.00	14.84	14.05

（3）天棚保温

编号	项目名称	单位	基价	人工费	材料费	施工机具使用费	管理费	利润
2-78	混凝土板下天棚保温（带龙骨）粘贴聚苯乙烯板 厚度（mm） 50	100m²	9750.42	3756.48	4637.47	0.00	696.83	659.64
2-79	天棚板面上铺放 聚苯乙烯板 厚度（mm） 50	100m²	1918.58	438.40	1321.88	0.00	81.32	76.98
2-80	混凝土板下天棚保温（不带龙骨） 聚合物砂浆粘贴聚苯乙烯板 厚度（mm） 50	100m²	4609.10	2044.00	1827.01	0.00	379.16	358.93
2-81	硬泡聚氨酯现场喷发 厚度（mm） 50	100m²	8974.26	2192.00	5990.72	0.00	406.62	384.92
2-82	硬泡聚氨酯现场喷发 厚度（mm） 每增减 5	100m²	682.82	80.00	573.93	0.00	14.84	14.05
2-83	超细无机纤维棉 厚度(mm）50	100m²	13303.05	2416.00	10014.63	0.00	448.17	424.25
2-84	超细无机纤维棉 厚度(mm）每增减 10	100m²	2187.51	176.00	1947.95	0.00	32.65	30.91
2-85	粘贴岩棉板 厚度（mm） 50	100m²	5389.48	2416.00	2101.06	0.00	448.17	424.25
2-86	无机轻集料保温砂浆 厚度（mm） 20	100m²	5731.78	2764.48	1887.90	81.15	512.81	485.44
2-87	无机轻集料保温砂浆 厚度（mm） 每增减 5	100m²	1299.30	593.60	471.06	20.29	110.11	104.24

（4）楼地面及其他保温

编号	项目名称	单位	基价	人工费	材料费	施工机具使用费	管理费	利润
2-88	轻集料混凝土 厚度（mm） 100	100m²	4644.86	523.20	3932.74	0.00	97.05	91.87
2-89	粘贴聚苯乙烯板 厚度(mm）50	100m²	2523.74	706.56	1562.04	0.00	131.07	124.07
2-90	干铺聚苯乙烯板 厚度(mm）50	100m²	1807.52	375.84	1295.96	0.00	69.72	66.00

（5）隔热工程

编号	项目名称	单位	基价	人工费	材料费	施工机具使用费	管理费	利润
2-91	预制混凝土板架空隔热层	100m²	6400.61	816.00	5289.95	0.00	151.37	143.29
2-92	预制纤维板水泥架空板凳隔热层	100m²	15318.30	2560.00	11833.88	0.00	474.88	449.54
2-93	反射隔热涂料(覆盖）外墙涂料面基层光面	100m²	863.75	160.00	645.97	0.00	29.68	28.10
2-94	反射隔热涂料(覆盖）外墙涂料面基层毛面	100m²	988.28	176.00	748.72	0.00	32.65	30.91
2-95	反射隔热涂料(覆盖）外墙涂料面基层砂壁	100m²	1288.07	192.00	1026.73	0.00	35.62	33.72

二、高效冷热源设备

1. 溴化锂吸收式制冷机

编号	项目名称	单位	基价	人工费	材料费	施工机具使用费	管理费	利润
2-96	设备重量（t） ≤5	台	8186.24	4950.24	841.06	607.41	918.27	869.26
2-97	设备重量（t） ≤8	台	12382.97	7225.28	1056.65	1491.99	1340.29	1268.76
2-98	设备重量（t） ≤10	台	14796.37	8573.76	1244.13	1882.50	1590.43	1505.55
2-99	设备重量（t） ≤15	台	20897.15	12472.16	1454.38	2466.91	2313.59	2190.11
2-100	设备重量（t） ≤20	台	26151.15	14664.64	1769.21	4421.90	2720.29	2575.11
2-101	设备重量（t） ≤25	台	31402.55	17277.44	2071.44	5814.78	3204.97	3033.92
2-102	设备重量（t） ≤30	台	35208.14	19114.72	2494.23	6696.87	3545.78	3356.54

2. 多联式空调机组

（1）多联式空调室外机

编号	项目名称	单位	基价	人工费	材料费	施工机具使用费	管理费	利润
2-103	制冷量（kW） ≤30	台	806.13	537.92	43.64	30.33	99.78	94.46
2-104	制冷量（kW） ≤50	台	1324.99	913.44	51.38	30.33	169.44	160.40
2-105	制冷量（kW） ≤90	台	1970.56	1370.24	75.20	30.33	254.18	240.61
2-106	制冷量（kW） ≤140	台	2956.49	2055.52	101.18	57.54	381.30	360.95
2-107	制冷量（kW） ≤200	台	3610.09	2509.44	127.16	67.33	465.50	440.66

（2）多联式空调室内机

编号	项目名称	单位	基价	人工费	材料费	施工机具使用费	管理费	利润
2-108	落地式	台	197.62	99.04	44.35	18.47	18.37	17.39
2-109	吊顶式	台	456.57	267.20	68.45	24.43	49.57	46.92
2-110	壁挂式	台	255.50	144.48	40.38	18.47	26.80	25.37
2-111	嵌入式	台	486.23	294.40	67.05	18.47	54.61	51.70

3. 电机驱动的蒸汽压缩循环冷水（热泵）机组

编号	项目名称	单位	基价	人工费	材料费	施工机具使用费	管理费	利润
2-112	设备重量（t） ≤0.5	台	1931.27	1337.12	55.48	55.83	248.04	234.80
2-113	设备重量（t） ≤1	台	2743.30	1931.20	58.91	55.83	358.24	339.12
2-114	设备重量（t） ≤2	台	4061.16	2882.24	62.34	75.80	534.66	506.12
2-115	设备重量（t） ≤3	台	5244.71	3716.48	67.52	118.69	689.41	652.61
2-116	设备重量（t） ≤5	台	8289.85	5902.24	64.78	191.53	1094.87	1036.43
2-117	设备重量（t） ≤8	台	12402.97	8600.48	76.75	620.11	1595.39	1510.24
2-118	设备重量（t） ≤10	台	14169.57	9711.84	88.54	862.24	1801.55	1705.40
2-119	设备重量（t） ≤15	台	17730.36	12134.56	109.64	1104.37	2250.96	2130.83

4. VAV 变风量空调机

（1）变风量空气处理机组（落地式）

编号	项目名称	单位	基价	人工费	材料费	施工机具使用费	管理费	利润
2-120	风量（m^3/h）≤4000	台	993.32	584.80	6.99	190.36	108.48	102.69
2-121	风量（m^3/h）≤10000	台	1684.76	1066.08	13.51	220.21	197.76	187.20
2-122	风量（m^3/h）≤20000	台	2951.86	1824.96	24.30	443.61	338.53	320.46
2-123	风量（m^3/h）≤30000	台	5892.19	3932.16	39.75	500.37	729.42	690.49
2-124	风量（m^3/h）≤40000	台	8177.99	5551.84	53.26	568.12	1029.87	974.90
2-125	风量（m^3/h）≤60000	台	13621.04	9388.32	80.43	762.17	1741.53	1648.59
2-126	风量（m^3/h）≤80000	台	18818.76	13145.60	140.15	786.13	2438.51	2308.37
2-127	风量（m^3/h）≤100000	台	23701.69	16672.00	171.91	837.52	3092.66	2927.60

（2）变风量末端装置

编号	项目名称	单位	基价	人工费	材料费	施工机具使用费	管理费	利润
2-128	单风道型	台	310.66	178.72	67.41	0.00	33.15	31.38
2-129	风机动力型	台	334.62	196.32	67.41	0.00	36.42	34.47

5. 辐射供暖供冷装置

（1）一体化预制辐射供暖（冷）板

编号	项目名称	单位	基价	人工费	材料费	施工机具使用费	管理费	利润
2-130	地面安装	m^2	346.91	20.48	318.94	0.09	3.80	3.60
2-131	墙面安装	m^2	349.52	22.40	318.94	0.09	4.16	3.93
2-132	顶棚安装	m^2	373.47	40.00	318.94	0.09	7.42	7.02

（2）毛 细 管 席

编号	项目名称	单位	基价	人工费	材料费	施工机具使用费	管理费	利润
2-133	毛细管席	m^2	183.30	26.56	142.80	4.35	4.93	4.66

（3）预制沟槽保温板

编号	项目名称	单位	基价	人工费	材料费	施工机具使用费	管理费	利润
2-134	地面安装	m^2	57.44	4.64	51.13	0.00	0.86	0.81
2-135	墙面安装	m^2	58.10	5.12	51.13	0.00	0.95	0.90

（4）泡沫塑料隔热板

编号	项目名称	单位	基价	人工费	材料费	施工机具使用费	管理费	利润
2-136	泡沫塑料隔热板　厚度（mm）　20	m^2	11.70	3.36	7.13	0.00	0.62	0.59
2-137	泡沫塑料隔热板　厚度（mm）　30	m^2	12.14	3.68	7.13	0.00	0.68	0.65
2-138	泡沫塑料隔热板　厚度（mm）　40	m^2	13.01	4.32	7.13	0.00	0.80	0.76
2-139	铝箔均热层	m^2	15.04	2.40	11.77	0.00	0.45	0.42
2-140	边界保温带	m	10.58	0.80	9.49	0.00	0.15	0.14
2-141	钢丝网	m^2	22.74	4.00	17.30	0.00	0.74	0.70

（5）辐射供暖供冷管

编号	项目名称	单位	基价	人工费	材料费	施工机具使用费	管理费	利润
2-142	塑料管　公称外径（mm）　≤10	m	9.33	2.88	5.33	0.08	0.53	0.51
2-143	塑料管　公称外径（mm）　≤16	m	9.72	3.04	5.51	0.08	0.56	0.53
2-144	塑料管　公称外径（mm）　≤20	m	9.82	3.04	5.61	0.08	0.56	0.53
2-145	塑料管　公称外径（mm）　≤25	m	10.05	3.20	5.62	0.08	0.59	0.56
2-146	铝塑复合管　公称外径（mm）　≤16	m	21.24	5.28	13.97	0.08	0.98	0.93
2-147	铝塑复合管　公称外径（mm）　≤20	m	22.12	5.92	13.98	0.08	1.10	1.04
2-148	铝塑复合管　公称外径（mm）　≤25	m	23.00	6.56	13.99	0.08	1.22	1.15
2-149	铜管　公称外径（mm）　≤15	m	149.80	9.28	136.50	0.67	1.72	1.63
2-150	铜管　公称外径（mm）　≤18	m	150.65	9.76	136.70	0.67	1.81	1.71
2-151	铜管　公称外径（mm）　≤22	m	151.86	10.40	137.03	0.67	1.93	1.83
2-152	铜管　公称外径（mm）　≤28	m	153.17	10.88	137.69	0.67	2.02	1.91

（6）加热电缆敷设

编号	项目名称	单位	基价	人工费	材料费	施工机具使用费	管理费	利润
2-153	加热电缆敷设	m	10.37	2.08	7.42	0.11	0.39	0.37

（7）分户计量装置

编号	项目名称	单位	基价	人工费	材料费	施工机具使用费	管理费	利润
2-154	整体式电磁热量表（螺纹法兰连接）公称直径（mm）　≤15	套	1542.08	72.80	1441.28	1.72	13.50	12.78
2-155	整体式电磁热量表（螺纹法兰连接）公称直径（mm）　≤20	套	1551.38	78.56	1442.35	2.10	14.57	13.80
2-156	整体式电磁热量表（螺纹法兰连接）公称直径（mm）　≤25	套	1554.68	79.20	1443.56	3.32	14.69	13.91
2-157	整体式电磁热量表（螺纹法兰连接）公称直径（mm）　≤32	套	1610.34	117.60	1446.13	4.15	21.81	20.65
2-158	整体式电磁热量表（螺纹法兰连接）公称直径（mm）　≤40	套	1649.09	144.32	1447.72	4.94	26.77	25.34
2-159	整体式电磁热量表（法兰连接）　入口管道公称直径（mm）　≤50	套	1880.70	217.12	1581.03	4.14	40.28	38.13
2-160	整体式电磁热量表（法兰连接）　入口管道公称直径（mm）　≤65	套	1944.63	258.56	1586.91	5.80	47.96	45.40

续前

编号	项目名称	单位	基价	人工费	材料费	施工机具使用费	管理费	利润
2-161	整体式电磁热量表（法兰连接）入口管道公称直径（mm）≤80	套	2027.58	305.28	1605.87	6.19	56.63	53.61
2-162	整体式电磁热量表（法兰连接）入口管道公称直径（mm）≤100	套	2120.15	363.36	1618.28	7.30	67.40	63.81

6. 热媒集配装置

（1）不带箱热媒集配装置

编号	项目名称	单位	基价	人工费	材料费	施工机具使用费	管理费	利润
2-163	分支管（环路）≤2	组	272.97	36.48	223.31	0.00	6.77	6.41
2-164	分支管（环路）≤4	组	300.00	56.32	223.34	0.00	10.45	9.89
2-165	分支管（环路）≤6	组	317.90	69.44	223.39	0.00	12.88	12.19
2-166	分支管（环路）≤8	组	339.30	85.12	223.44	0.00	15.79	14.95

（2）带箱热媒集配装置

编号	项目名称	单位	基价	人工费	材料费	施工机具使用费	管理费	利润
2-167	分支管（环路）≤2	组	348.54	40.32	293.66	0.00	7.48	7.08
2-168	分支管（环路）≤4	组	385.33	63.84	298.44	0.00	11.84	11.21
2-169	分支管（环路）≤6	组	406.89	76.16	303.23	0.00	14.13	13.37
2-170	分支管（环路）≤8	组	436.94	94.72	308.02	0.00	17.57	16.63

三、节能照明与电气

1. 节 能 照 明

编号	项目名称	单位	基价	人工费	材料费	施工机具使用费	管理费	利润
2-171	智能家居控制箱（半周长）≤700	个	295.25	57.60	216.86	0.00	10.68	10.11
2-172	智能家居控制箱（半周长）＞700	个	330.10	83.20	216.86	0.00	15.43	14.61
2-173	智能控制面板	套	170.56	12.96	152.92	0.00	2.40	2.28
2-174	红外感应开关	套	48.24	8.48	36.70	0.00	1.57	1.49
2-175	声控延时开关	套	48.24	8.48	36.70	0.00	1.57	1.49
2-176	按键延时开关	套	49.69	8.48	38.15	0.00	1.57	1.49
2-177	LED 红外、声光感应吸顶灯（半圆球）灯罩周长（mm）≤800	套	105.72	22.08	75.66	0.00	4.10	3.88
2-178	LED 红外、声光感应吸顶灯（半圆球）灯罩周长（mm）≤1100	套	106.79	22.08	76.73	0.00	4.10	3.88
2-179	LED 红外、声光感应吸顶灯（半圆球）灯罩周长（mm）＞1100	套	108.38	22.08	78.32	0.00	4.10	3.88

续前

编号	项目名称	单位	基价	人工费	材料费	施工机具使用费	管理费	利润
2-180	LED感应灯（一体化支架）吸顶式	套	106.44	22.24	76.16	0.00	4.13	3.91
2-181	LED灯带 灯管式	套	248.23	128.00	74.01	0.00	23.74	22.48
2-182	LED灯带 软灯带	m	31.24	9.92	17.74	0.00	1.84	1.74

2. 节能变压器和无功补偿装置

编号	项目名称	单位	基价	人工费	材料费	施工机具使用费	管理费	利润
2-183	非晶合金变压器 容量（kV·A）≤250	台	3293.04	1563.84	113.61	1050.89	290.09	274.61
2-184	非晶合金变压器 容量（kV·A）≤500	台	3693.33	1801.28	130.98	1110.63	334.14	316.30
2-185	非晶合金变压器 容量（kV·A）≤1000	台	6226.63	3444.32	177.77	1360.80	638.92	604.82
2-186	成套低压无功自动补偿装置安装	台	513.43	240.80	54.72	130.96	44.67	42.28

四、能量综合利用

1. 能量回收新风换气机

编号	项目名称	单位	基价	人工费	材料费	施工机具使用费	管理费	利润
2-187	吊顶式 重量（t）≤0.15	台	338.31	221.92	4.72	31.53	41.17	38.97
2-188	吊顶式 重量（t）≤0.2	台	363.35	240.32	4.72	31.53	44.58	42.20
2-189	吊顶式 重量（t）≤0.4	台	391.01	260.64	4.72	31.53	48.35	45.77
2-190	落地式 重量（t）≤0.6	台	1785.28	1275.20	4.72	44.88	236.55	223.93
2-191	落地式 重量（t）≤1	台	2255.24	1620.48	4.72	44.88	300.60	284.56
2-192	落地式 重量（t）≤1.5	台	2874.39	2058.88	4.72	67.33	381.92	361.54
2-193	落地式 重量（t）≤2	台	3666.21	2633.44	4.72	77.12	488.50	462.43
2-194	墙上式 重量（t）≤0.1	台	324.85	235.20	4.72	0.00	43.63	41.30
2-195	墙上式 重量（t）≤0.15	台	370.23	246.24	4.72	30.35	45.68	43.24
2-196	墙上式 重量（t）≤0.2	台	392.44	262.56	4.72	30.35	48.70	46.11
2-197	墙上式 重量（t）≤0.4	台	532.47	365.44	4.72	30.35	67.79	64.17
2-198	分段组装式能量回收新风换气机安装	kg	4.35	3.20	0.00	0.00	0.59	0.56

2. 蓄冷（蓄热）设备

（1）双工况制冷机组

编号	项目名称	单位	基价	人工费	材料费	施工机具使用费	管理费	利润
2-199	双工况制冷机组 设备重量（t）≤1	台	2857.13	2024.00	34.10	68.17	375.45	355.41
2-200	双工况制冷机组 设备重量（t）≤2	台	4458.13	3175.20	43.23	93.13	589.00	557.57
2-201	双工况制冷机组 设备重量（t）≤3	台	5379.26	3808.00	50.54	145.66	706.38	668.68
2-202	双工况制冷机组 设备重量（t）≤5	台	8342.61	5908.64	65.24	235.12	1096.05	1037.56
2-203	双工况制冷机组 设备重量（t）≤8	台	12573.58	8622.88	76.75	760.23	1599.54	1514.18
2-204	双工况制冷机组 设备重量（t）≤10	台	14910.99	10113.60	88.54	1056.83	1876.07	1775.95

（2）整体式蓄冰槽（罐）

编号	项目名称	单位	基价	人工费	材料费	施工机具使用费	管理费	利润
2-205	整体式蓄冰槽（罐） 设备重量（t） ≤2	台	2545.92	1139.68	276.93	717.77	211.41	200.13
2-206	整体式蓄冰槽（罐） 设备重量（t） ≤5	台	4468.23	2156.96	457.43	1074.96	400.12	378.76
2-207	整体式蓄冰槽（罐） 设备重量（t） ≤10	台	5994.21	2900.96	738.91	1306.80	538.13	509.41
2-208	整体式蓄冰槽（罐） 设备重量（t） ≤15	台	8153.82	3711.52	1115.06	1987.01	688.49	651.74

（3）水蓄冷蓄热罐制作安装

编号	项目名称	单位	基价	人工费	材料费	施工机具使用费	管理费	利润
2-209	水蓄冷蓄热罐 储罐容量（m^3）≤1000	t	4013.62	1547.04	367.70	1540.24	286.98	271.66
2-210	水蓄冷蓄热罐 储罐容量（m^3）≤2000	t	3544.70	1292.16	372.48	1413.46	239.70	226.90
2-211	水蓄冷蓄热罐 储罐容量（m^3）≤3000	t	3256.73	1142.56	378.34	1323.26	211.94	200.63
2-212	水蓄冷蓄热罐 储罐容量（m^3）≤5000	t	2785.60	984.48	392.93	1052.70	182.62	172.87
2-213	水蓄冷蓄热罐 储罐容量（m^3）≤10000	t	2636.83	840.64	538.57	954.06	155.94	147.62
2-214	水蓄冷蓄热罐 储罐容量（m^3）≤20000	t	2386.52	691.84	543.43	901.42	128.34	121.49

（4）乙二醇泵

编号	项目名称	单位	基价	人工费	材料费	施工机具使用费	管理费	利润
2-215	乙二醇泵 设备重量（t） ≤0.2	台	1099.32	702.24	77.42	66.08	130.27	123.31
2-216	乙二醇泵 设备重量（t） ≤0.5	台	1487.16	976.80	91.55	66.08	181.20	171.53
2-217	乙二醇泵 设备重量（t） ≤1.0	台	2415.02	1587.84	127.58	126.24	294.54	278.82
2-218	乙二醇泵 设备重量（t） ≤3.0	台	4643.61	3072.00	203.91	258.40	569.86	539.44

（5）换热器

编号	项目名称	单位	基价	人工费	材料费	施工机具使用费	管理费	利润
2-219	换热器 设备重量（t） ≤0.5	台	1138.23	395.20	170.85	429.47	73.31	69.40
2-220	换热器 设备重量（t） ≤1	台	1797.44	658.40	286.13	615.16	122.13	115.62
2-221	换热器 设备重量（t） ≤2	台	2684.94	1097.60	476.89	714.11	203.60	192.74
2-222	换热器 设备重量（t） ≤5	台	4494.68	2121.60	647.50	959.47	393.56	372.55
2-223	换热器 设备重量（t） ≤10	台	6874.15	3349.76	1021.36	1293.43	621.38	588.22

（6）蓄冰盘管

编号	项目名称	单位	基价	人工费	材料费	施工机具使用费	管理费	利润
2-224	整装式蓄冰盘管 设备重量（t）≤2	组	2684.94	1097.60	476.89	714.11	203.60	192.74
2-225	整装式蓄冰盘管 设备重量（t）≤5	组	4494.68	2121.60	647.50	959.47	393.56	372.55

3. 光伏发电

（1）太阳能电池板钢架

编号	项目名称	单位	基价	人工费	材料费	施工机具使用费	管理费	利润
2-226	太阳能电池板钢架安装 在地面上	m^2	108.24	48.32	8.20	34.28	8.96	8.48
2-227	太阳能电池板钢架安装 在墙面、屋面上	m^2	203.63	96.32	6.92	65.61	17.87	16.91
2-228	太阳能电池板钢架安装 在支架、支柱上	m^2	215.50	76.96	6.78	103.97	14.28	13.51

（2）太阳能电池板

编号	项目名称	单位	基价	人工费	材料费	施工机具使用费	管理费	利润
2-229	太阳能电池组装、安装 500Wp	组	1061.12	481.44	363.89	41.94	89.31	84.54
2-230	太阳能电池组装、安装 1000Wp	组	1259.48	625.92	365.60	41.94	116.11	109.91
2-231	太阳能电池组装、安装 1500Wp	组	1502.17	794.40	367.57	53.34	147.36	139.50
2-232	太阳能电池组装、安装 1500Wp以上每增加 500Wp	组	723.55	240.80	363.41	32.39	44.67	42.28

（3）太阳能电池与控制屏联测

编号	项目名称	单位	基价	人工费	材料费	施工机具使用费	管理费	利润
2-233	太阳能电池与控制屏联测	方阵组	421.51	240.80	2.05	91.71	44.67	42.28

（4）光伏逆变器

编号	项目名称	单位	基价	人工费	材料费	施工机具使用费	管理费	利润
2-234	额定交流输出功率 功率 ≤10kW	台	15193.74	611.20	14294.99	66.84	113.38	107.33
2-235	额定交流输出功率 功率 ≤100kW	台	17874.39	887.68	16588.75	77.42	164.66	155.88
2-236	额定交流输出功率 功率 ≤250kW	台	19057.77	1564.48	16718.41	209.95	290.21	274.72
2-237	额定交流输出功率 功率 ≤500kW	台	19770.64	1954.88	16822.17	287.68	362.63	343.28
2-238	额定交流输出功率 功率 ≤1000kW	台	34079.70	3376.64	28986.85	496.90	626.37	592.94

（5）太阳能控制器

编号	项目名称	单位	基价	人工费	材料费	施工机具使用费	管理费	利润
2-239	太阳能控制器安装 电压等级（V）≤96	台	6910.86	88.64	6758.51	31.70	16.44	15.57
2-240	太阳能控制器安装 电压等级（V）≤110	台	10124.21	130.24	9900.47	46.47	24.16	22.87
2-241	环境测量装置	台	3551.02	1839.68	958.04	88.99	341.26	323.05
2-242	数据采集仪	台	2206.83	297.12	1669.71	132.71	55.12	52.17

4. 太阳能路灯

编号	项目名称	单位	基价	人工费	材料费	施工机具使用费	管理费	利润
2-243	太阳能路灯 灯柱（m）≤8	套	1666.26	771.20	136.81	479.77	143.06	135.42
2-244	太阳能路灯 灯柱（m）≤10	套	1700.42	800.64	137.11	473.56	148.52	140.59
2-245	风光互补太阳能路灯 灯柱（m）≤8	10套	18351.96	8936.80	1378.57	4809.51	1657.78	1569.30
2-246	风光互补太阳能路灯 灯柱（m）≤10	10套	18747.94	9230.56	1374.71	4809.51	1712.27	1620.89
2-247	太阳能庭院路灯 灯柱（m）≤3	10套	6726.10	3321.60	1363.20	841.87	616.16	583.27
2-248	太阳能庭院路灯 灯柱（m）≤5	10套	7142.26	3488.00	1363.20	1031.55	647.02	612.49
2-249	太阳能草坪灯 立柱式	套	156.09	50.08	87.93	0.00	9.29	8.79
2-250	太阳能草坪灯 嵌入式	套	148.73	45.44	86.88	0.00	8.43	7.98

5. 太阳能集热装置

（1）太阳能集热器

编号	项目名称	单位	基价	人工费	材料费	施工机具使用费	管理费	利润
2-251	真空玻璃太阳能集热器 单层布设	m^2	1078.43	554.24	149.44	174.62	102.81	97.32
2-252	平板式太阳能集热器 单层布设	m^2	863.20	473.12	149.33	69.91	87.76	83.08
2-253	真空玻璃太阳能集热器 层叠布设	m^2	1282.70	652.80	213.64	180.54	121.09	114.63
2-254	平板式太阳能集热器 层叠布设	m^2	1067.48	571.68	213.53	75.83	106.05	100.39
2-255	平板式集热器 外墙斜挂	m^2	566.37	321.44	68.12	60.74	59.63	56.44
2-256	平板式集热器 外墙垂挂式	m^2	426.72	242.08	36.48	60.74	44.91	42.51

（2）集中式太阳能热水系统调试

编号	项目名称	单位	基价	人工费	材料费	施工机具使用费	管理费	利润
2-257	太阳能加热水箱 水重量（10t）	系统	1109.99	811.84	0.00	4.99	150.60	142.56

6. 地（水、气）源热泵机组

（1）地源（水源、气源）热泵机组

编号	项目名称	单位	基价	人工费	材料费	施工机具使用费	管理费	利润
2-258	设备重量（t） ≤1	组	2633.22	1520.00	162.62	401.73	281.96	266.91
2-259	设备重量（t） ≤3	组	4964.10	2940.80	307.63	653.75	545.52	516.40
2-260	设备重量（t） ≤5	组	7599.26	4670.40	440.38	802.00	866.36	820.12
2-261	设备重量（t） ≤8	组	11039.42	6804.80	620.31	1157.10	1262.29	1194.92
2-262	设备重量（t） ≤10	组	13006.34	7684.80	951.29	1595.27	1425.53	1349.45
2-263	设备重量（t） ≤15	组	16766.99	9601.60	1328.10	2370.15	1781.10	1686.04
2-264	设备重量（t） ≤20	组	21474.06	11996.48	1901.40	3244.25	2225.35	2106.58

（2）地 埋 管

编号	项目名称	单位	基价	人工费	材料费	施工机具使用费	管理费	利润
2-265	垂直地埋管成孔 公称外径160mm以内 有效深度100m内	m	36.32	3.04	0.00	32.19	0.56	0.53
2-266	垂直地埋管成孔 公称外径200mm以内 有效深度100m内	m	47.15	3.52	0.00	42.36	0.65	0.62
2-267	入岩增加 公称外径 160mm 以内 有效深度 100m内	m	183.91	7.52	0.00	173.68	1.39	1.32
2-268	入岩增加 公称外径 200mm 以内 有效深度 100m内	m	242.83	8.48	0.00	231.29	1.57	1.49
2-269	垂直地埋管管孔回填 公称外径160mm以内 有效深度100m内	m	2.11	0.48	1.42	0.04	0.09	0.08
2-270	垂直地埋管管孔回填 公称外径200mm以内 有效深度100m内	m	2.77	0.48	2.08	0.04	0.09	0.08

续前

编号	项目名称	单位	基价	人工费	材料费	施工机具使用费	管理费	利润
2-271	垂直地埋塑料管热熔安装 公称外径 32mm 以内 单 U 管	m	12.75	6.88	3.19	0.19	1.28	1.21
2-272	垂直地埋塑料管热熔安装 公称外径 25mm 以内 双 U 管	m	11.10	6.08	2.63	0.19	1.13	1.07
2-273	水平地埋塑料管安装热熔 公称外径（mm 以内） 32	m	33.48	8.96	21.21	0.08	1.66	1.57
2-274	水平地埋塑料管安装热熔 公称外径（mm 以内） 40	m	34.22	9.60	21.07	0.08	1.78	1.69
2-275	水平地埋塑料管安装热熔 公称外径（mm 以内） 50	m	37.32	10.72	22.65	0.08	1.99	1.88
2-276	水平地埋塑料管安装热熔 公称外径（mm 以内） 63	m	38.13	11.52	22.37	0.08	2.14	2.02
2-277	水平地埋塑料管安装热熔 公称外径（mm 以内） 75	m	29.85	12.16	13.21	0.08	2.26	2.14
2-278	水平地埋塑料管安装热熔 公称外径（mm 以内） 90	m	30.23	12.80	12.73	0.08	2.37	2.25
2-279	水平地埋塑料管安装热熔 公称外径（mm 以内） 110	m	31.33	14.56	11.43	0.08	2.70	2.56
2-280	水平地埋塑料管安装热熔 公称外径（mm 以内） 160	m	34.92	16.48	6.53	5.96	3.06	2.89

（3）地源热泵用塑料集（分）水器

编号	项目名称	单位	基价	人工费	材料费	施工机具使用费	管理费	利润
2-281	*DN*200 以内	个	160.58	62.40	74.40	1.24	11.58	10.96
2-282	*DN*325 以内	个	191.04	84.32	74.40	1.87	15.64	14.81

五、补 充 项 目

1. 智能控制器（箱）

编号	项目名称	单位	基价	人工费	材料费	施工机具使用费	管理费	利润
2-283	智能控制器（箱）	台	327.85	172.96	89.48	2.96	32.08	30.37

2. 充 电 桩

编号	项目名称	单位	基价	人工费	材料费	施工机具使用费	管理费	利润
2-284	充电桩 落地式	台	310.21	216.00	16.21	0.00	40.07	37.93
2-285	充电桩 壁挂式	台	185.42	131.20	6.84	0.00	24.34	23.04

第三章

节水与水资源利用

一、节水卫生器具

1. 带感应开关的洗脸盆

编号	项目名称	单位	基价	人工费	材料费	施工机具使用费	管理费	利润
3-1	挂墙式	组	941.89	81.76	830.60	0.00	15.17	14.36
3-2	立柱式	组	902.10	73.12	802.58	0.00	13.56	12.84
3-3	台上式	组	919.69	88.32	799.48	0.00	16.38	15.51
3-4	台下式	组	968.42	103.84	827.09	0.00	19.26	18.23

2. 带感应开关的蹲式大便器

编号	项目名称	单位	基价	人工费	材料费	施工机具使用费	管理费	利润
3-5	瓷蹲式	组	773.38	82.72	660.79	0.00	15.34	14.53

3. 带感应开关的小便器

编号	项目名称	单位	基价	人工费	材料费	施工机具使用费	管理费	利润
3-6	壁挂式	组	731.61	52.00	660.83	0.00	9.65	9.13
3-7	落地式	组	764.08	58.08	685.03	0.00	10.77	10.20

4. 带恒温控制和温度显示功能的冷热水混合沐浴器

编号	项目名称	单位	基价	人工费	材料费	施工机具使用费	管理费	利润
3-8	带恒温控制和温度显示功能的冷热水混合沐浴器	组	562.44	89.44	440.70	0.00	16.59	15.71

二、节 水 灌 溉

1. 喷　　头

编号	项目名称	单位	基价	人工费	材料费	施工机具使用费	管理费	利润
3-9	地埋式散射 喷头安装	个	139.27	20.32	111.61	0.00	3.77	3.57
3-10	地埋式旋转喷头安装（喷洒半径） 10m 以内	个	153.86	31.04	111.61	0.00	5.76	5.45

续前

编号	项目名称	单位	基价	人工费	材料费	施工机具使用费	管理费	利润
3-11	地埋式旋转喷头安装（喷洒半径）15m 以内	个	161.27	36.48	111.61	0.00	6.77	6.41
3-12	地埋式旋转喷头安装（喷洒半径）15m 以上	个	171.71	44.16	111.61	0.00	8.19	7.75

2. 滴　　头

编号	项目名称	单位	基价	人工费	材料费	施工机具使用费	管理费	利润
3-13	单出口滴头安装	个	40.96	2.24	37.91	0.00	0.42	0.39
3-14	多出口滴头安装	个	94.51	20.80	66.20	0.00	3.86	3.65

3. 滴　灌　管

编号	项目名称	单位	基价	人工费	材料费	施工机具使用费	管理费	利润
3-15	公称直径（mm）≤15	m	3.67	2.08	0.83	0.00	0.39	0.37

4. 快速取水阀

编号	项目名称	单位	基价	人工费	材料费	施工机具使用费	管理费	利润
3-16	快速取水阀安装	个	38.55	15.20	17.86	0.00	2.82	2.67

5. 成品阀门箱

编号	项目名称	单位	基价	人工费	材料费	施工机具使用费	管理费	利润
3-17	成品圆形阀门箱安装 直径（mm）≤400	个	98.64	46.08	35.92	0.00	8.55	8.09
3-18	成品矩形阀门箱安装 半周长（mm）≤1000	个	218.16	96.00	87.49	0.00	17.81	16.86
3-19	成品矩形阀门箱安装 半周长（mm）＞1000	个	269.62	132.80	88.87	0.00	24.63	23.32

6. 控　制　器

编号	项目名称	单位	基价	人工费	材料费	施工机具使用费	管理费	利润
3-20	雨量传感器	个	436.56	136.00	250.82	0.63	25.23	23.88
3-21	模块控制器	台	1063.07	187.84	803.93	3.48	34.84	32.98

7. 喷灌用电磁阀

编号	项目名称	单位	基价	人工费	材料费	施工机具使用费	管理费	利润
3-22	公称直径（mm）≤25	个	691.41	169.60	460.57	0.00	31.46	29.78
3-23	公称直径（mm）≤50	个	850.84	286.40	461.02	0.00	53.13	50.29
3-24	公称直径（mm）≤80	个	1104.75	472.00	462.31	0.00	87.56	82.88

三、雨水及中水收集处理设备

1. 塑料模块雨水及中水收集设备

编号	项目名称	单位	基价	人工费	材料费	施工机具使用费	管理费	利润
3-25	土工布铺设	m^2	13.37	3.20	4.82	4.20	0.59	0.56
3-26	塑料模块水箱防渗透膜包覆	m^2	14.84	4.80	4.00	4.31	0.89	0.84

2. 塑料模块蓄水水箱

编号	项目名称	单位	基价	人工费	材料费	施工机具使用费	管理费	利润
3-27	塑料模块蓄水水箱安装　容积（m^3）≤50	台	4839.96	526.72	3960.00	163.04	97.71	92.49
3-28	塑料模块蓄水水箱安装　容积（m^3）≤100	台	5390.86	811.68	3960.00	326.08	150.57	142.53
3-29	塑料模块蓄水水箱安装　容积（m^3）≤200	台	7362.44	2022.40	3960.00	649.75	375.16	355.13
3-30	塑料模块蓄水水箱安装　容积（m^3）≤300	台	8988.87	2976.00	3960.00	978.23	552.05	522.59

3. 雨水中水处理及控制设备

编号	项目名称	单位	基价	人工费	材料费	施工机具使用费	管理费	利润
3-31	一体式雨水中水处理设备	台	8376.46	3276.00	2570.46	1347.03	607.70	575.27
3-32	带截污过滤装置的塑料雨水井 ϕ700 以内	座	1020.72	336.00	538.54	24.85	62.33	59.00
3-33	雨水处理控制柜（落地式）	台	790.98	330.24	236.08	105.41	61.26	57.99

第四章

节材与材料资源利用

第四章

民族新药材栽培技术

一、高强及成型钢筋

1. 现浇构件高强钢筋

编号	项目名称	单位	基价	人工费	材料费	施工机具使用费	管理费	利润
4-1	带肋钢筋 HRB400 以上 直径（mm） ≤ 10	t	5427.62	1274.72	3634.34	58.26	236.46	223.84
4-2	带肋钢筋 HRB400 以上 直径（mm） ≤ 18	t	5275.23	1097.12	3712.59	69.35	203.52	192.65
4-3	带肋钢筋 HRB400 以上 直径（mm） ≤ 25	t	4768.19	752.64	3689.14	54.64	139.61	132.16
4-4	带肋钢筋 HRB400 以上 直径（mm） ≤ 40	t	4458.82	614.56	3614.78	7.56	114.00	107.92

2. 高 强 箍 筋

编号	项目名称	单位	基价	人工费	材料费	施工机具使用费	管理费	利润
4-5	带肋钢筋 HRB400 以上 直径（mm） ≤ 10	t	7115.63	2488.16	3668.59	60.41	461.55	436.92
4-6	带肋钢筋 HRB400 以上 直径（mm） ＞ 10	t	5617.91	1429.28	3643.99	28.53	265.13	250.98

3. 现浇构件成型钢筋

编号	项目名称	单位	基价	人工费	材料费	施工机具使用费	管理费	利润
4-7	成型带肋钢筋 直径（mm） ≤ 10	t	4940.55	828.64	3812.69	0.00	153.71	145.51
4-8	成型带肋钢筋 直径（mm） ≤ 18	t	4767.80	713.12	3797.18	0.00	132.28	125.22
4-9	成型带肋钢筋 直径（mm） ≤ 25	t	4447.15	489.28	3781.19	0.00	90.76	85.92
4-10	成型带肋钢筋 直径（mm） ≤ 40	t	4319.32	399.52	3775.53	0.00	74.11	70.16

4. 成 型 箍 筋

编号	项目名称	单位	基价	人工费	材料费	施工机具使用费	管理费	利润
4-11	成型带肋钢筋 HRB400 以上 直径（mm） ≤ 10	t	6048.22	1617.28	3846.94	0.00	300.01	283.99
4-12	成型带肋钢筋 HRB400 以上 直径（mm） ＞ 10	t	5069.15	928.96	3804.74	0.00	172.32	163.13

二、新型墙体材料

1. 砖 基 础

编号	项目名称	单位	基价	人工费	材料费	施工机具使用费	管理费	利润
4-13	烧结煤矸石普通砖砖基础	$10m^3$	6367.51	1573.44	4145.53	80.37	291.87	276.30

2. 砖 墙

编号	项目名称	单位	基价	人工费	材料费	施工机具使用费	管理费	利润
4-14	烧结煤矸石普通砖砖墙 1/4 砖	$10m^3$	9429.36	3893.12	4090.26	40.18	722.17	683.63
4-15	烧结煤矸石普通砖砖墙 1/2 砖	$10m^3$	7595.30	2468.00	4169.81	66.30	457.81	433.38
4-16	烧结煤矸石普通砖砖墙 3/4 砖	$10m^3$	7490.59	2375.36	4184.82	72.67	440.63	417.11
4-17	烧结煤矸石普通砖砖墙 1 砖	$10m^3$	6715.17	1800.16	4188.62	76.35	333.93	316.11
4-18	烧结煤矸石普通砖砖墙 1 砖半	$10m^3$	6662.11	1732.00	4222.97	81.71	321.29	304.14
4-19	烧结煤矸石普通砖砖墙 2 砖及 2 砖以上	$10m^3$	6535.46	1634.88	4226.85	83.38	303.27	287.08
4-20	烧结煤矸石空心砖砖墙 1/2 砖	$10m^3$	3317.52	1615.36	1089.05	29.80	299.65	283.66
4-21	烧结煤矸石空心砖砖墙 1 砖	$10m^3$	3115.45	1322.08	1271.42	44.54	245.25	232.16
4-22	烧结煤矸石空心砖砖墙 1 砖半	$10m^3$	2959.78	1160.32	1331.24	49.23	215.24	203.75
4-23	烧结煤矸石空心砖砖墙 2 砖及 2 砖以上	$10m^3$	2986.00	1156.80	1359.91	51.57	214.59	203.13

3. 砌 块 墙

编号	项目名称	单位	基价	人工费	材料费	施工机具使用费	管理费	利润
4-24	轻集料混凝土小型空心砌块墙 墙厚（mm） 240	$10m^3$	5208.86	1420.16	3239.71	36.17	263.44	249.38
4-25	轻集料混凝土小型空心砌块墙 墙厚（mm） 190	$10m^3$	5179.96	1522.08	3071.41	36.84	282.35	267.28
4-26	轻集料混凝土小型空心砌块墙 墙厚（mm） 120	$10m^3$	5372.62	1541.28	3240.62	34.16	285.91	270.65
4-27	烧结空心砌块墙 墙厚（卧砌）（mm）240	$10m^3$	5646.22	1433.12	3665.80	29.80	265.84	251.66
4-28	烧结空心砌块墙 墙厚（卧砌）（mm）190	$10m^3$	5782.11	1532.96	3665.80	29.80	284.36	269.19

续前

编号	项目名称	单位	基价	人工费	材料费	施工机具使用费	管理费	利润
4-29	烧结空心砌块墙 墙厚（卧砌）（mm）115	$10m^3$	5834.82	1571.68	3665.80	29.80	291.55	275.99
4-30	蒸压加气混凝土砌块墙 墙厚（mm） ≤150 砂浆	$10m^3$	5120.43	1577.12	2950.03	23.78	292.56	276.94
4-31	蒸压加气混凝土砌块墙 墙厚（mm） ≤150 粘结剂	$10m^3$	6373.95	1614.08	4168.34	8.69	299.41	283.43
4-32	蒸压加气混凝土砌块墙 墙厚（mm） ≤200 砂浆	$10m^3$	5120.43	1577.12	2950.03	23.78	292.56	276.94
4-33	蒸压加气混凝土砌块墙 墙厚（mm） ≤200 粘结剂	$10m^3$	6373.95	1614.08	4168.34	8.69	299.41	283.43
4-34	蒸压加气混凝土砌块墙 墙厚（mm） ≤300 砂浆	$10m^3$	4807.27	1347.04	2950.03	23.78	249.88	236.54
4-35	蒸压加气混凝土砌块墙 墙厚（mm） ≤300 粘结剂	$10m^3$	6060.57	1383.84	4168.34	8.69	256.70	243.00

4. 轻 质 隔 墙

编号	项目名称	单位	基价	人工费	材料费	施工机具使用费	管理费	利润
4-36	轻质墙板（玻纤水泥珍珠岩板）板厚（mm） 60	$100m^2$	12190.32	2817.60	8355.29	0.00	522.66	494.77
4-37	轻质墙板（玻纤水泥珍珠岩板）板厚（mm） 85	$100m^2$	13594.84	3096.00	9380.87	0.00	574.31	543.66
4-38	轻质墙板（玻纤水泥珍珠岩板）板厚（mm） 95	$100m^2$	14436.06	3088.00	10232.99	0.00	572.82	542.25

第五章

室内环境工程

第五章

家工的不内容

一、室内声环境

1. 隔声、吸音墙面

编号	项目名称	单位	基价	人工费	材料费	施工机具使用费	管理费	利润
5-1	轻钢龙骨（减震体系）减震龙骨中距 400	$100m^2$	4469.55	1626.48	2255.75	0.00	301.71	285.61
5-2	隔声毡隔层	$100m^2$	3532.56	1011.36	2156.00	0.00	187.61	177.59
5-3	玻璃棉毡隔离层	$100m^2$	3204.01	559.22	2442.85	0.00	103.74	98.20
5-4	硬木条吸音墙面	$100m^2$	21004.36	6390.45	12306.32	0.00	1185.43	1122.16
5-5	岩棉吸音板	$100m^2$	5696.80	1165.73	4110.13	0.00	216.24	204.70
5-6	超细玻璃棉板	$100m^2$	2397.72	990.72	1049.25	0.00	183.78	173.97

2. 隔 声 楼 板

编号	项目名称	单位	基价	人工费	材料费	施工机具使用费	管理费	利润
5-7	浮筑楼板 隔音减震垫铺设	$100m^2$	6934.19	2620.85	3366.95	0.00	486.17	460.22

3. 吸 音 天 棚

编号	项目名称	单位	基价	人工费	材料费	施工机具使用费	管理费	利润
5-8	吸音板天棚 矿棉吸音板	$100m^2$	5512.81	1865.56	2973.60	0.00	346.06	327.59
5-9	吸音板天棚 石膏吸音板	$100m^2$	5059.21	1865.56	2520.00	0.00	346.06	327.59
5-10	吸音板天棚 穿孔胶合板	$100m^2$	4518.91	1659.80	2259.76	0.00	307.89	291.46
5-11	吸音板天棚 铝合金方板	$100m^2$	10035.50	1181.43	8427.45	0.00	219.16	207.46

二、室内光环境与视野

1. 采 光 屋 面

编号	项目名称	单位	基价	人工费	材料费	施工机具使用费	管理费	利润
5-12	阳光板屋面 铝合金龙骨上安装	$100m^2$	45395.99	13613.16	26867.12	0.00	2525.24	2390.47
5-13	阳光板屋面 钢龙骨上安装	$100m^2$	41190.76	16282.17	19029.10	0.00	3020.34	2859.15

2. 太阳光导入照明系统

（1）屋面防水帽

编号	项目名称	单位	基价	人工费	材料费	施工机具使用费	管理费	利润
5-14	墩座式混凝土井口接口防水帽 方形 600 × 600 （内圆ϕ570）	个	427.86	37.20	377.23	0.00	6.90	6.53
5-15	金属屋面防水帽 圆形ϕ600	个	407.78	34.40	360.96	0.00	6.38	6.04
5-16	自安型防水帽 外圆ϕ910	个	532.70	41.93	475.63	0.00	7.78	7.36

（2）采 光 罩

编号	项目名称	单位	基价	人工费	材料费	施工机具使用费	管理费	利润
5-17	采光罩外径（mm 以内） ϕ350	个	147.52	20.00	120.30	0.00	3.71	3.51
5-18	采光罩外径（mm 以内） ϕ600	个	220.55	22.15	190.40	0.00	4.11	3.89

（3）导 光 管

编号	项目名称	单位	基价	人工费	材料费	施工机具使用费	管理费	利润
5-19	ϕ350 以内$L = 600$mm	节	105.62	40.48	50.52	0.00	7.51	7.11
5-20	ϕ600 以内$L = 600$mm	节	127.27	47.68	62.38	0.00	8.84	8.37

（4）光线调节器、转换器、漫射器

编号	项目名称	单位	基价	人工费	材料费	施工机具使用费	管理费	利润
5-21	光线调节器 ϕ350 以内	套	82.39	18.40	57.09	0.26	3.41	3.23
5-22	光线调节器 ϕ600 以内	套	85.16	20.16	57.46	0.26	3.74	3.54
5-23	光线调节器控制开关	个	89.61	11.04	74.37	0.21	2.05	1.94
5-24	导光管接口转换器	个	67.89	12.80	50.47	0.00	2.37	2.25
5-25	漫射器	套	249.94	44.00	190.05	0.00	8.16	7.73

三、室内热湿环境

1. 建筑外遮阳

编号	项目名称	单位	基价	人工费	材料费	施工机具使用费	管理费	利润
5-26	卷帘遮阳 导轨导向式 手动	100m^2	238080.43	9184.80	225579.00	0.00	1703.78	1612.85
5-27	卷帘遮阳 导轨导向式 电动	100m^2	235193.85	10098.12	221449.30	0.00	1873.20	1773.23
5-28	织物遮阳 手动导向式 导轨	100m^2	26787.01	7344.40	16790.54	0.00	1362.39	1289.68
5-29	织物遮阳 手动导向式 导索	100m^2	20265.07	6415.60	11532.80	0.00	1190.09	1126.58
5-30	百叶帘遮阳 电动式 导索	100m^2	26618.76	7224.00	16786.18	0.00	1340.05	1268.53
5-31	百叶帘遮阳 电动式 导轨	100m^2	22654.74	7224.00	12822.16	0.00	1340.05	1268.53

续前

编号	项目名称	单位	基价	人工费	材料费	施工机具使用费	管理费	利润
5-32	翼片遮阳 固定式	$100m^2$	97454.62	7224.00	87622.04	0.00	1340.05	1268.53
5-33	翼片遮阳 可调式	$100m^2$	109204.11	9288.00	96562.22	0.00	1722.92	1630.97
5-34	格栅遮阳 水平	$100m^2$	138347.18	5056.80	131464.37	0.00	938.04	887.97
5-35	格栅遮阳 垂直	$100m^2$	138974.80	6071.60	130710.75	0.00	1126.28	1066.17

2. 喷涂抹灰石膏

编号	项目名称	单位	基价	人工费	材料费	施工机具使用费	管理费	利润
5-36	喷涂抹灰石膏 18mm 厚 砖墙	$100m^2$	5831.11	2472.50	2454.18	11.61	458.65	434.17
5-37	喷涂抹灰石膏 18mm 厚 混凝土墙	$100m^2$	6104.21	2709.00	2405.64	11.35	502.52	475.70
5-38	喷涂抹灰石膏 18mm 厚 轻质墙	$100m^2$	6155.99	2687.50	2486.42	11.61	498.53	471.93
5-39	喷涂抹灰石膏 18mm 厚 矩形柱梁面	$100m^2$	7789.40	3870.00	2509.04	12.90	717.89	679.57
5-40	喷涂抹灰石膏 18mm 厚 多边形、圆形柱梁面	$100m^2$	9461.24	5246.00	2310.34	10.57	973.13	921.20
5-41	喷涂抹灰石膏 零星抹灰	$100m^2$	10477.43	5762.00	2623.42	11.35	1068.85	1011.81

3. 硅藻泥墙面

编号	项目名称	单位	基价	人工费	材料费	施工机具使用费	管理费	利润
5-42	硅藻泥墙面（无图案不分色）喷涂两遍成活 毛面	$100m^2$	3835.20	1168.31	2213.83	31.18	216.72	205.16
5-43	硅藻泥墙面（无图案不分色）喷涂两遍成活 光面	$100m^2$	4365.17	1557.68	2213.83	31.18	288.95	273.53

四、补 充 项 目

1. 隔 音 涂 料

编号	项目名称	单位	基价	人工费	材料费	施工机具使用费	管理费	利润
5-44	隔声、吸音墙面 隔音涂料 3mm 厚	$100m^2$	2145.11	76.11	1995.40	46.12	14.12	13.36
5-45	隔声、吸音墙面 隔音涂料 每增减 1mm 厚	$100m^2$	646.96	25.37	597.19	15.24	4.71	4.45
5-46	吸音天棚 隔音涂料 3mm 厚	$100m^2$	2182.30	94.82	1995.40	57.84	17.59	16.65
5-47	吸音天棚 隔音涂料 每增减 1mm 厚	$100m^2$	659.06	31.39	597.19	19.15	5.82	5.51

附　　录

材料价格明细表

序号	材料编码	材料名称	单位	不含税价
1	010101009	热轧光圆钢筋 HPB300 ϕ8	kg	3.37
2	010103012	热轧带肋钢筋 HRB500 ϕ10 以内	kg	3.52
3	010103013	热轧带肋钢筋 HRB500 ϕ25 以外	kg	3.52
4	010103018	热轧带肋钢筋 HRB500 ϕ12～18	kg	3.52
5	010103019	热轧带肋钢筋 HRB500 ϕ20～25	kg	3.52
6	010103024	成型钢筋 HRB400 ϕ10 以内	kg	3.75
7	010103025	成型钢筋 HRB400 ϕ12～18	kg	3.75
8	010103026	成型钢筋 HRB400 ϕ20～25	kg	3.75
9	010103027	成型钢筋 HRB400 ϕ25	kg	3.75
10	010501001	钢丝绳 ϕ14.1～15	kg	8.50
11	010501002	钢丝绳 ϕ16～18.5	kg	8.50
12	010900002	圆钢（综合）	kg	3.37
13	010901008	圆钢 ϕ10～14	kg	3.37
14	011301005	扁钢 100 × 10	kg	3.56
15	011301011	扁钢 5	kg	3.56
16	011303001	镀锌扁钢（综合）	kg	4.64
17	011303002	镀锌扁钢 16 × 0.5	m	0.35
18	011901004	槽钢 5～16#	kg	3.48
19	011901008	槽钢 6.3#	kg	3.48
20	011909001	镀锌槽钢 10#	kg	4.70
21	012101001	角钢 50 × 5 以内	kg	3.62
22	012101003	角钢 63 以内	kg	3.62
23	012105001	镀锌角钢（综合）	kg	4.55
24	012105006	镀锌等边角钢 5#	kg	4.55
25	012300001	型钢（综合）	kg	3.32
26	012301001	T 型钢 25 × 25	kg	3.32
27	012900019	钢板 δ4.5～10	kg	3.81
28	012901009	热轧薄钢板 δ1.6～1.9	kg	3.81
29	012903010	热轧中厚钢板 δ8～15	kg	3.81
30	012903014	热轧中厚钢板 δ12～20	kg	3.81
31	012903019	热轧中厚钢板 δ8	kg	3.81
32	013503001	紫铜板（综合）	kg	62.57
33	014900002	铝合金型材（综合）	kg	29.36

续前

序号	材料编码	材料名称	单位	不含税价
34	015101001	铝合金靠墙条板	m^2	253.89
35	016111001	锡纸	m^2	3.78
36	020101002	橡胶板 δ1～3	kg	8.70
37	020101005	橡胶板 δ5～10	kg	8.70
38	020111003	石棉橡胶板 δ3～6	kg	6.42
39	020111006	石棉橡胶板 低压 δ0.8～6	kg	6.42
40	020111009	石棉橡胶板 高压 δ1～6	kg	9.16
41	020301002	橡胶条 （大）	m	5.01
42	020301003	橡胶条 （小）	m	3.91
43	020301005	隔声胶条	m	2.00
44	020711005	耐热胶垫 2×38	m	0.96
45	020901001	塑料薄膜	m^2	1.96
46	020901002	塑料薄膜	kg	16.37
47	020901004	聚氯乙烯薄膜	kg	14.30
48	020901006	聚乙烯薄膜 δ0.05	m^2	2.07
49	020905002	塑料布	kg	21.48
50	020907001	清洁布 250×250	块	1.49
51	021107004	PVC 防腐蚀板	m^2	72.19
52	021301001	尼龙扎带（综合）	根	0.10
53	021301009	塑料带 20mm×40m	卷	5.89
54	021305001	自粘性塑料带 20mm×20m	卷	5.08
55	021307003	聚苯乙烯条 10×180	m	8.85
56	021309001	泡沫条 ϕ8	m	0.73
57	021911003	平织尼龙网	m^2	10.47
58	021913001	塑料胀塞	个	0.07
59	021915003	扎绑绳	kg	4.96
60	022305004	碳精棒 ϕ8～12	根	1.42
61	022701001	棉纱	kg	6.42
62	022701003	棉纱头	kg	9.34
63	022702002	白纱布带 20mm×20m	卷	5.84
64	022703003	白布	kg	7.74
65	022703004	无纺布	m^2	5.60
66	022703006	细白布 宽 900	m	4.46
67	022709010	阻尼隔声毡 δ2	m^2	16.50
68	022901007	草绳	kg	11.42
69	023101001	土工布（综合）	m^2	2.54
70	023101004	涤纶针刺土工布 200g/m^2	m^2	2.43
71	023101009	防渗透布	m^2	2.80

续前

序号	材料编码	材料名称	单位	不含税价
72	030101003	抽芯铆钉 $\phi4\times13$	100个	8.59
73	030103022	沉头木螺钉 L25	个	0.09
74	030103037	自攻螺钉（综合）	100个	5.72
75	030103039	自攻螺钉 ST4×30	个	0.05
76	030103043	镀锌自攻螺钉 ST4～6×20～35	个	0.05
77	030103045	镀锌自攻螺钉 ST3×10	个	0.04
78	030103052	木螺钉 d2～4×6～65	个	0.07
79	030103072	塑料胀管带螺钉（保温专用）	套	0.53
80	030105003	半圆头镀锌螺栓 M2～5×15～50	10套	2.20
81	030105032	带帽六角螺栓 M12以外	kg	8.08
82	030105043	地脚螺栓 M12×120	套	2.04
83	030105044	地脚螺栓 M12×150	套	2.17
84	030105046	六角螺栓（综合）	kg	8.08
85	030105050	六角螺栓 M6～8×20～70	套	0.17
86	030105084	六角螺栓带螺母 M12×50	套	0.90
87	030105115	六角螺栓带螺母、垫圈 M16×65～80	套	2.79
88	030105116	六角螺栓带螺母、垫圈 M16×85～140	套	2.88
89	030105147	镀锌六角螺栓（综合）	套	2.88
90	030105153	镀锌六角螺栓带螺母 M12×14～75	10套	23.45
91	030105154	镀锌六角螺栓带螺母 M12×60～65	套	1.40
92	030105155	镀锌六角螺栓带螺母 M16×85～100	套	3.32
93	030105223	固定螺栓	100套	195.42
94	030107004	膨胀螺栓 M6～12×50～120	套	0.93
95	030107015	膨胀螺栓 M10	套	0.94
96	030107016	膨胀螺栓 M10	10套	9.38
97	030107018	膨胀螺栓 M12	套	1.41
98	030107020	膨胀螺栓 M14	套	1.90
99	030107032	膨胀螺栓 M8×60	套	0.32
100	030107037	膨胀螺栓 M10×45	套	0.41
101	030107038	膨胀螺栓 M10×80	套	0.52
102	030107044	膨胀螺栓 钢制 M12	套	1.22
103	030107046	镀锌膨胀螺栓 M6	套	0.49
104	030107053	金属膨胀螺栓 M6	套	0.25
105	030107056	塑料膨胀螺栓	套	0.43
106	030109002	镀锌六角螺母 M10	10个	0.97
107	030109029	六角螺母 M8	10个	0.58
108	030113004	垫圈 M2～8	10个	1.00
109	030113010	弹簧垫圈 M2～10	10个	0.90

续前

序号	材料编码	材料名称	单位	不含税价
110	030113013	镀锌弹簧垫圈 M10	个	0.09
111	030113014	镀锌弹簧垫圈 M16	个	0.13
112	030113017	镀锌垫圈 M10	个	0.10
113	030113018	镀锌垫圈 M16	个	0.15
114	030127001	塑料卡钉 ϕ10	个	0.69
115	030127002	塑料卡钉 ϕ16	个	0.74
116	030127003	塑料卡钉 ϕ20	个	0.77
117	030127004	塑料卡钉 ϕ25	个	0.80
118	030313001	百叶帘遮阳导轨	m	21.24
119	030313006	卷帘遮阳导轨	m	39.82
120	030313009	织物遮阳导轨	m	39.82
121	030314001	卷帘遮阳卷帘盒	m	35.40
122	030314003	织物遮阳卷帘盒	m	35.40
123	030335001	卷帘遮阳摇柄驱动装置	套	123.89
124	030335002	织物遮阳摇柄驱动装置	套	123.89
125	030355002	不锈钢导索 3mm	m	1.33
126	030355003	不锈钢拉索组件	套	22.12
127	030355012	门窗固定连接铁件（地脚） 3×30×300	个	1.12
128	030525002	格栅遮阳防风扣	套	3.89
129	030701001	红外感应龙头及配件 15	套	371.68
130	030703002	双管成品淋浴器（含固定件）	套	424.78
131	030711003	大便器存水弯 *DN*100	个	28.81
132	030714001	防污器 *DN*32	个	18.81
133	030719001	角型阀（带铜活） *DN*15	个	25.66
134	030721004	洗脸盆托架	副	20.54
135	030723002	大便器胶皮碗（配喉箍）	套	5.75
136	030723003	小便器排水附件	套	15.04
137	030723009	洗脸盆排水附件	套	34.51
138	030725002	织物遮阳底杆	m	15.19
139	030755001	大便器排水接头	个	8.85
140	030907002	保温板一体化锚筋	个	0.90
141	031101006	砂轮片 ϕ400	片	13.74
142	031101009	尼龙砂轮片 ϕ100	片	2.93
143	031101010	尼龙砂轮片 ϕ150	片	5.82
144	031101012	尼龙砂轮片 ϕ400	片	10.22
145	031101014	尼龙砂轮片 ϕ500×25×4	片	12.96
146	031102001	砂纸	张	1.18
147	031102004	铁砂布（综合）	张	1.61

续前

序号	材料编码	材料名称	单位	不含税价
148	031102005	铁砂布 0～2#	张	1.35
149	031301005	低合金钢焊条 E43（综合）	kg	11.50
150	031301007	低碳钢焊条（综合）	kg	10.53
151	031301008	低碳钢焊条 J422（综合）	kg	9.03
152	031301009	低碳钢焊条 J427（综合）	kg	11.06
153	031301010	低碳钢焊条 J507（综合）	kg	11.68
154	031301023	碳钢气焊条（综合）	kg	10.53
155	031303009	铜焊丝（综合）	kg	102.65
156	031303019	焊锡丝（综合）	kg	244.25
157	031303020	松香焊锡丝（综合）	m	5.31
158	031305003	焊锡膏	kg	37.96
159	031307002	铜焊粉	kg	37.35
160	031501007	圆钉	kg	7.01
161	031501009	圆钉 ϕ5 以内	kg	7.01
162	031505012	钢板网 0.8×9×25	m^2	65.00
163	031505014	钢丝网（综合）	m^2	16.47
164	031505019	金属滤网	m^2	19.09
165	031507004	铁丝 ϕ2.8～4.0	kg	3.98
166	031507007	镀锌铁丝（综合）	kg	6.85
167	031507017	镀锌铁丝 ϕ2.5～4.0	kg	6.42
168	031507018	镀锌铁丝 ϕ2.8～4.0	kg	6.42
169	031507020	镀锌铁丝 ϕ0.7	kg	7.79
170	031507031	镀锌铁丝 ϕ4.0	kg	6.23
171	031509001	铁件（综合）	kg	4.82
172	031509007	平垫铁（综合）	kg	5.12
173	031509010	斜垫铁（综合）	kg	5.12
174	031509012	斜垫铁 Q195～Q235 1#	kg	5.12
175	031509014	镀锌连接铁件	kg	5.66
176	031513001	不锈钢索 ϕ6	m	3.04
177	031517002	镀塑钢丝围栏	m^2	9.88
178	031519003	冲击钻头 ϕ6～8	个	1.37
179	031519005	冲击钻头 ϕ8～16	个	2.86
180	031519006	冲击钻头 ϕ10～20	个	4.52
181	031519008	冲击钻头 ϕ10	个	2.05
182	031519009	冲击钻头 ϕ12	个	2.15
183	031519012	冲击钻头 ϕ16	个	7.00
184	031541002	锯条（综合）	根	0.56
185	031541003	钢锯条	条	0.42

续前

序号	材料编码	材料名称	单位	不含税价
186	031541004	钢锯片 ϕ300	片	106.19
187	031541007	石料切割锯片	片	29.04
188	031599006	墩座式混凝土井口接口屋面防水帽方形 600 × 600（个）	个	344.25
189	031599014	金属帽	只	1.50
190	031599015	金属屋面防水帽圆形 ϕ600	个	344.25
191	031599018	自安型防水帽外圆 ϕ910	个	432.74
192	031599030	翼片遮阳单边固定件	套	30.97
193	031599031	翼片遮阳单边轴组	套	66.34
194	031599032	翼片遮阳双边固定件	套	39.82
195	031599033	翼片遮阳双边轴组	套	110.62
196	031599034	翼片遮阳连接端盖	套	48.67
197	040100001	水泥（综合）	kg	0.45
198	040100006	水泥 42.5	kg	0.45
199	040100007	水泥 52.5	kg	0.48
200	040111001	复合硅酸盐水泥	kg	0.45
201	040113002	白色硅酸盐水泥 32.5	kg	0.54
202	040113003	白色硅酸盐水泥 52.5	kg	0.58
203	040300003	砂子	m^3	195.00
204	040300004	砂子	kg	0.15
205	040303001	中粗砂	m^3	210.00
206	040315002	黄砂 毛砂	t	105.83
207	040501002	碎石（综合）	m^3	181.00
208	040501024	碎石（精加工玄武岩） 5～10	kg	0.20
209	040503003	卵石 5～10	kg	0.15
210	040505002	砂砾 5～80mm	m^3	225.00
211	040701001	陶粒	m^3	254.57
212	040707004	水泥炉渣 1：6	m^3	130.00
213	040901008	膨润土 200 目	kg	0.83
214	040905007	石膏粉	kg	0.55
215	040905009	石灰膏	m^3	226.22
216	040909001	大白粉	kg	0.58
217	040927003	羧甲基纤维素	kg	11.96
218	041113002	水泥蛭石块	m^3	139.08
219	041301002	标准砖 240 × 115 × 53	块	0.48
220	041311001	烧结粉煤灰砖 240 × 115 × 53	千块	410.00
221	041313001	烧结煤矸石空心砖 240 × 240 × 115	千块	450.00
222	041313002	烧结煤矸石普通砖 240 × 115 × 53	千块	568.83
223	041317002	页岩砖 240 × 115 × 53	千块	752.59

续前

序号	材料编码	材料名称	单位	不含税价
224	041325001	陶粒混凝土实心砖 190×90×53	千块	699.82
225	041325002	陶粒混凝土实心砖 240×115×53	千块	739.23
226	041505001	加气混凝土砌块 600×240×180	m^3	264.00
227	041505006	蒸压砂加气混凝土块 B06 级	m^3	264.00
228	041507001	蒸压粉煤灰加气混凝土砌块 600×120×240	m^3	264.00
229	041507002	蒸压粉煤灰加气混凝土砌块 600×190×240	m^3	264.00
230	041507003	蒸压粉煤灰加气混凝土砌块 600×240×240	m^3	264.00
231	041509001	陶粒混凝土小型砌块 390×120×190	m^3	260.00
232	041509002	陶粒混凝土小型砌块 390×190×190	m^3	200.00
233	041509003	陶粒混凝土小型砌块 390×240×190	m^3	260.00
234	041513001	烧结页岩空心砌块 290×115×190	m^3	345.73
235	041513002	烧结页岩空心砌块 290×190×190	m^3	345.73
236	041513003	烧结页岩空心砌块 290×240×190	m^3	345.73
237	041735006	镀锌铁皮脊瓦 $26^{\#}$	m^2	45.84
238	042705006	预制钢筋混凝土屋面隔热板 C20 $\delta35$	m^2	36.00
239	050105001	道木（综合）	m^3	2020.00
240	050105002	道木 250mm×200mm×2500mm	根	252.50
241	050301004	木板（综合）	m^3	2065.00
242	050401001	木方	m^3	2065.00
243	050401003	板枋材	m^3	2065.00
244	050401006	板枋材 杉木	m^3	2065.00
245	050500005	胶合板 $\delta9$	m^2	19.46
246	050500009	胶木板	kg	21.17
247	053511002	毛细管席	m^2	25.00
248	090117002	保温石膏板 600×600×50	m^2	60.00
249	090119001	石膏吸音板	m^2	24.00
250	090503008	铝合金吸音板	m^2	71.58
251	090907002	阳光板	m^2	52.45
252	090909001	格栅遮阳扣板 84 宽	m	126.95
253	091700001	珍珠岩	m^3	196.46
254	091900002	硅酸钙板 $\delta8$	m^2	19.22
255	092507001	玻化微珠保温夹芯板	m^2	115.20
256	092515002	纤维水泥板 160×160×10	块	0.80
257	092517001	轻质墙板 $\delta60$	m^2	70.68
258	092517002	轻质墙板 $\delta85$	m^2	79.87
259	092517003	轻质墙板 $\delta95$	m^2	87.75
260	092701006	耐碱玻璃纤维网格布	m^2	2.90
261	092705001	破布	kg	5.58

续前

序号	材料编码	材料名称	单位	不含税价
262	092705002	纱布	张	2.50
263	100101001	镀锌轻钢龙骨 38×12	m	2.30
264	100101002	镀锌轻钢龙骨 65×15	m	2.80
265	100101003	镀锌轻钢龙骨 75×40	m	3.10
266	100101004	镀锌轻钢龙骨 75×50	m	4.50
267	100101005	轻钢竖向龙骨 30×30	m	2.74
268	100101006	轻钢竖向龙骨 50×75	m	5.90
269	100103030	轻钢沿边龙骨	m	3.14
270	100300001	铝合金龙骨 60×30	m	10.35
271	100303037	格栅遮阳铝合金龙骨	m	16.49
272	101303001	轻钢龙骨卡托	个	0.81
273	101305001	轻钢龙骨角托	个	0.73
274	110901002	铝合金固定窗	m^2	397.00
275	110903005	铝合金平开窗	m^2	419.00
276	110903007	铝合金推拉窗	m^2	426.00
277	110903008	铝合金平开门	m^2	578.17
278	110903009	铝合金推拉门	m^2	432.00
279	111301001	塑料保温固定窗（含中空玻璃）	m^2	352.00
280	111301002	塑料保温平开窗（含中空玻璃）	m^2	434.00
281	111301003	塑料保温平开门（含中空玻璃）	m^2	362.00
282	111301004	塑料保温推拉窗（含中空玻璃）	m^2	456.00
283	111301005	塑料保温推拉门（含中空玻璃）	m^2	468.00
284	112500002	卷边叶片帘 50宽	m^2	51.00
285	112601002	帘布	m^2	20.00
286	112601003	帘片 42宽	m	89.00
287	112601004	平叶片帘 50宽	m^2	100.00
288	112603001	百叶帘帘片盒	m	15.00
289	112603002	百叶帘遮阳底杆	m	176.00
290	120107002	木压条 15×40	m	10.00
291	130101008	厚层保温腻子	kg	10.22
292	130111004	抗碱底涂料	kg	20.47
293	130111028	聚氨酯防潮底漆	kg	21.81
294	130111030	透明抗碱抗渗底漆	kg	15.34
295	130113005	酚醛磁漆	kg	14.91
296	130115001	调和漆	kg	13.00
297	130115002	无光调和漆	kg	18.58
298	130115006	酚醛调和漆	kg	12.81
299	130115007	酚醛调和漆 各色	kg	12.00

续前

序号	材料编码	材料名称	单位	不含税价
300	130119001	白漆	kg	15.56
301	130303002	硅藻泥	kg	7.96
302	130503001	反射隔热涂料	kg	14.96
303	130505001	防锈漆	kg	11.00
304	130505002	防锈漆 C53-1	kg	11.00
305	130505005	醇酸防锈漆 C53-1	kg	14.25
306	130505009	酚醛防锈漆 各色	kg	13.11
307	130507001	防腐油	kg	11.45
308	130520001	隔音涂料	kg	4.60
309	133303005	耐根穿刺复合铜胎基 SBS 改性沥青卷材	m^2	64.98
310	133501006	建筑油膏	kg	10.16
311	133501007	密封膏	kg	5.80
312	133503001	SBS 弹性沥青防水胶	kg	9.12
313	133503002	防水密封胶	支	6.46
314	133503007	硅酮耐候密封胶	kg	19.99
315	133503010	聚氯乙烯热熔密封胶	kg	23.50
316	133503011	聚氨酯发泡密封胶 750ml/支	支	11.15
317	133503020	耐高温防水胶 380g 290mL	支	14.59
318	133513001	PG 道路封缝胶	kg	12.61
319	133517003	改性沥青嵌缝油膏	kg	4.82
320	133519002	橡胶盘根 低压	kg	15.78
321	133901001	排水板	m^2	13.58
322	140113002	黄油	kg	13.42
323	140301001	汽油 89#	kg	8.23
324	140301003	汽油 92#	kg	8.64
325	140303001	机油（综合）	kg	10.44
326	140305002	柴油	kg	7.27
327	140307001	煤油	kg	13.27
328	140505001	铅油（厚漆）	kg	7.13
329	140509002	溶剂汽油	kg	8.23
330	140509006	油漆溶剂油	kg	4.40
331	140700001	润滑剂	kg	4.01
332	140901002	黄干油钙基酯	kg	10.99
333	140901003	黄油钙基脂	kg	11.04
334	142123001	电力复合脂	kg	20.57
335	142311002	无机颜料	kg	7.00
336	142907002	乙炔气	kg	14.78
337	142909001	氧气	m^3	5.06

续前

序号	材料编码	材料名称	单位	不含税价
338	143117001	白垩	kg	1.27
339	143121001	二硫化钼	kg	72.57
340	143169001	药剂	kg	9.95
341	143183002	液化石油气	kg	7.26
342	143303001	酒精	kg	8.72
343	143521001	LDA 增强剂	kg	8.61
344	143527001	氟碳保护剂	kg	33.27
345	143527002	无机纤维罩面剂	kg	0.23
346	143533001	缓凝剂	kg	7.96
347	143541001	界面剂	kg	1.89
348	144100001	建筑胶	kg	2.88
349	144100002	胶粘剂	kg	9.56
350	144103002	氯丁橡胶粘接剂	kg	15.50
351	144105002	聚醋酸乙烯乳液	kg	10.58
352	144111005	砌块砌筑粘结剂	kg	4.58
353	144115002	107 胶纯水泥浆	m^3	836.28
354	144115004	108 建筑胶	kg	5.40
355	144135017	耐候型硅胶	kg	40.00
356	144135018	强力胶	kg	20.04
357	144135024	粘接剂	kg	12.39
358	144303009	铝箔胶带 45mm 卷	卷	4.51
359	144303010	铝箔胶带 48mm × 20m	卷	4.84
360	144303015	塑料胶布带 20mm × 10m	卷	2.90
361	144303016	塑料胶布带 20mm × 50m	卷	14.60
362	144303021	塑料粘胶带 60mm × 50m	卷	53.36
363	144307003	万能胶	kg	16.37
364	144309004	玻璃胶 335g/支	支	5.80
365	150113002	石棉粉	kg	13.00
366	150113004	石棉板衬垫	kg	6.00
367	150301003	岩棉板 $\delta30$	m^3	364.60
368	150301004	岩棉板 $\delta50$	m^3	364.60
369	150301005	岩棉板 $\delta60$	m^3	364.60
370	150301006	岩棉板 $\delta80$	m^3	364.60
371	150301007	岩棉板 $\delta100$	m^3	364.60
372	150301008	岩棉板 $\delta120$	m^3	364.60
373	150301010	岩棉吸音板	m^2	39.00
374	150501002	矿棉吸音板	m^2	28.32
375	150701001	沥青玻璃棉	m^3	13.00

续前

序号	材料编码	材料名称	单位	不含税价
376	150701002	超细玻璃棉板 $\delta 50$	m^2	9.88
377	150702003	玻璃布 $\delta 0.2$	m^2	1.88
378	150702009	玻璃丝布 $\delta 0.2$	m^2	2.27
379	150707002	超细玻璃棉毡	kg	6.10
380	150707003	沥青玻璃棉毡	m^3	293.00
381	150707005	玻璃棉毡 $\delta 75$	m^2	23.23
382	150901001	沥青珍珠岩板	m^3	550.09
383	150901002	水泥珍珠岩板	m^3	550.00
384	151301001	聚苯乙烯板	m^3	254.11
385	151301012	聚苯乙烯塑料保温装饰一体化板	m^2	57.52
386	151304001	聚酯乙烯泡沫塑料板	kg	21.43
387	151307001	预制沟槽保温板	m^2	48.67
388	151311001	聚酯乙烯泡沫塑料	kg	23.40
389	151311003	泡沫塑料隔热板	m^2	6.58
390	151313002	硬泡聚氨酯组合料	kg	18.00
391	151501001	泡沫玻璃	m^3	672.57
392	152306001	铝箔	m^2	9.40
393	152307003	无机纤维棉	kg	6.40
394	152311001	发泡水泥板 $\delta 20$	m^2	180.00
395	152317001	大模内置专用挤塑聚苯板	m^3	380.00
396	152317002	大模内置专用膨胀聚苯板	m^3	298.20
397	152319001	单片保温模网	m^2	21.00
398	170001007	橡塑保温管 *DN*15	m	7.65
399	170100008	钢管 D32	kg	3.45
400	170101003	焊接钢管 *DN*20	m	5.73
401	170201001	无缝钢管 D22×2	m	4.04
402	170301009	镀锌钢管 *DN*40	m	16.10
403	171500001	铜管	m	129.39
404	171900004	金属软管 D15	m	4.27
405	171915005	输水软管 $\phi 25$	m	9.83
406	172500001	塑料管（综合）	m	4.16
407	172500003	塑料管（综合）	kg	11.28
408	172500004	塑料管 *DN*25 以内	m	2.50
409	172500006	塑料管 *DN*32 以内	m	2.88
410	172500029	塑料胀管 $\phi 6$～8	个	0.18
411	172515001	地板辐射采暖塑料管	m	3.09
412	172527001	塑料盲管 $\phi 100$	m	12.39
413	172527002	塑料盲管 $\phi 200$	m	46.02

续前

序号	材料编码	材料名称	单位	不含税价
414	172707010	橡胶软管 *DN*20	m	10.11
415	172709001	塑料软管（综合）	m	10.79
416	172709002	塑料软管（综合）	kg	12.55
417	172803001	铝塑复合管	m	13.27
418	173109002	冲洗管 *DN*32	根	24.60
419	173111003	导光管 ϕ350 以内 $L=600$mm	节	43.20
420	173111004	导光管 ϕ600 以内 $L=600$mm	节	54.40
421	173117005	塑料排水管 *DN*50	m	4.16
422	173127001	尼龙胀管 ϕ6～8	个	1.77
423	173129001	柔性铰接管	根	75.22
424	173135003	小便器冲水连接管 *DN*15	根	10.62
425	180001001	螺纹管件 *DN*15	个	0.88
426	180901005	塑料排水三通 *DN*50	个	2.48
427	180905002	塑料管热熔 U 形弯头 *DN*25 以内	个	2.65
428	180905004	塑料管热熔 U 形弯头 *DN*32 以内	个	7.52
429	180905006	塑料排水弯头 *DN*50	个	4.12
430	180905007	塑料热熔 90°弯头 *DN*32 以内	个	1.06
431	180999025	弯头塑料管热熔管件	个	2.35
432	180999026	三通塑料管热熔管件	个	3.30
433	180999027	直接头塑料管热熔管件	个	2.35
434	180999028	异径直接塑料管热熔管件	个	2.35
435	180999029	转换件塑料管热熔管件	个	22.12
436	181602018	镀锌活接头 *DN*32	个	6.02
437	181611003	塑料排水外接 *DN*50	个	9.38
438	181625003	辐射供暖供冷专用接头	个	10.73
439	181625017	外丝活接头	个	17.70
440	182515003	塑料管卡 FCL32	个	0.59
441	182518008	毛细管专用管卡	个	22.12
442	182721001	铁件支架	kg	4.42
443	182911015	柔性塑料套管 ϕ10	m	7.08
444	182911016	柔性塑料套管 ϕ20	m	9.48
445	182911017	柔性塑料套管 ϕ25	m	10.36
446	182911018	柔性塑料套管 ϕ32	m	10.81
447	182919004	温度计套管	个	13.27
448	190003003	螺纹阀门 *DN*15	个	32.74
449	190003004	螺纹阀门 *DN*20	个	39.82
450	190507001	测温球阀	个	22.12
451	192809001	螺纹电磁阀门	个	407.08

续前

序号	材料编码	材料名称	单位	不含税价
452	194107001	快速取水阀	个	16.81
453	200001001	平焊法兰（综合）	片	63.03
454	200005001	螺纹法兰	片	16.64
455	203107002	钢垫板 δ1～2	kg	4.78
456	203307021	橡胶垫片 25	m	7.88
457	203307022	橡胶垫片 宽 250	m	7.49
458	210900003	洗脸盆	个	336.28
459	211507002	瓷蹲式大便器	个	230.09
460	211701001	挂式小便器	个	300.88
461	211703001	立式小便器	个	327.43
462	221901001	分集水器（带箱）	组	272.74
463	221901003	分集水器（不带箱）	组	217.70
464	221903001	塑料集分水器	个	74.40
465	224911001	采光罩 ϕ350	个	120.00
466	224911003	采光罩 ϕ600	个	190.00
467	225705001	隔音减震垫 δ3	m^2	28.00
468	232123001	地埋式喷灌喷头	个	32.74
469	250000001	成套灯具	套	70.80
470	250301001	LED 灯带	m	16.81
471	256001001	光线调节器	个	55.13
472	256003001	导光管接口转换器	个	48.67
473	256005001	漫射器	套	185.00
474	260901001	红外感应开关	个	34.31
475	260901003	埋入式感应控制器	个	307.81
476	260913001	声控延时开关（红外线感应）	个	34.31
477	260919001	按键延时开关	个	35.71
478	262603001	调节器控制开关	个	72.00
479	263113001	智能控制面板	个	148.94
480	271505001	瓷接头 双	个	7.43
481	271701001	黑胶布 20mm × 20m	卷	2.21
482	271799001	电气绝缘胶带 18mm × 10m × 0.13mm	卷	4.42
483	271799002	PVC 电气绝缘胶带 18mm × 20mm	卷	5.00
484	272501002	青壳纸 δ0.1～1.0	kg	19.20
485	280008009	加热电缆	m	7.20
486	280301003	铜芯塑料绝缘电线 BV-1.5mm^2	m	1.13
487	280301004	铜芯塑料绝缘电线 BV-2.5mm^2	m	1.72
488	280301009	铜芯塑料绝缘电线 BV-16mm^2	m	11.07
489	280307008	铜芯橡皮绝缘电线 BX-2.5mm^2	m	1.58

续前

序号	材料编码	材料名称	单位	不含税价
490	290645058	塑料线夹 ϕ15	个	0.20
491	290901004	铜端子 6mm^2	个	0.44
492	290901005	铜端子 10mm^2	个	1.20
493	290901006	铜端子 16mm^2	个	1.74
494	290901010	铜接线端子 20A	个	0.75
495	290901017	铜接线端子 DT-2.5mm^2	个	0.40
496	291101001	塑料接线柱 双线	个	1.51
497	291705004	格栅遮阳钢筋拉杆	m	12.19
498	292199001	固定件	套	1.65
499	303505003	雨量传感器	个	235.47
500	311921002	滤油纸 300 × 300	张	0.64
501	320000002	园林苗木	株	5.80
502	320100001	乔木	株	336.28
503	320300001	灌木、藤本	株	70.00
504	320501001	绿篱	m	60.00
505	320701002	草坪	m^2	12.00
506	321100001	竹子	株（丛）	70.00
507	321115002	竹梢 长 1.2m	根	4.96
508	321115003	竹梢 长 2.2m	根	16.29
509	321300001	花卉	株	3.00
510	322700001	肥料	kg	3.00
511	322701001	无机肥 复合肥	kg	3.63
512	322703001	有机肥	kg	0.34
513	322900001	种植土	m^3	31.82
514	323007001	树棍 1.2m	根	4.74
515	323007002	树棍 2.2m	根	7.57
516	323205001	滴灌管	m	0.80
517	323503001	矩形阀门箱（成品）	个	84.07
518	323503002	圆形阀门箱（成品）	个	34.11
519	323505001	种植槽（成品） 650 × 289 × 250	只	52.17
520	323505002	种植模块（成品） 330 × 190 × 140	只	27.69
521	323511001	单出口滴头	个	36.80
522	323511002	多出口滴头	个	64.26
523	330127004	钢支撑	kg	4.65
524	331111001	塑料模块蓄水水箱（含配件）	台	3960.00
525	333101001	木桩	根	3.47
526	334115001	预制纤维板水泥架空板板凳（成品） 498 × 498 × 200	个	26.00
527	340203008	聚四氟乙烯生料带 宽 20	m	0.40

续前

序号	材料编码	材料名称	单位	不含税价
528	340925001	机翼叶片 宽 200	m	150.00
529	340929001	供暖板	m^2	280.00
530	341101001	水	m^3	5.63
531	341103001	电	kW · h	0.71
532	341304005	位号牌	个	10.00
533	350111002	钢模板	kg	4.98
534	350205001	U 型卡	kg	7.00
535	350209002	钢模零配件	kg	6.10
536	350311001	测温束接	个	15.80
537	350999002	导索固定件	只	1.80
538	360101001	带雨水截污过滤装置的塑料雨水井	套	520.00
539	360505001	植草砖	m^2	45.00
540	360507001	透水砖	m^2	60.00
541	361301001	固定式分隔栏	m	73.89
542	370915002	钢板垫板	kg	3.76
543	530117001	一体式雨水中水处理设备	台	2321.30
544	530119001	雨水处理控制柜	台	216.21
545	552709003	模块控制器	个	769.91
546	554104001	太阳能电池板	组	353.98
547	554301001	交流变压器	台	57753.98
548	574509001	智能家居控制箱	个	175.22
549	800100004	水泥砂浆 1：2.5	m^3	464.60
550	800100006	水泥砂浆 1：3	m^3	460.18
551	800101003	砌筑水泥砂浆 M7.5	m^3	477.88
552	800605002	干混砌筑砂浆 DM M5	m^3	477.88
553	800605004	干混砌筑砂浆 DM M10	m^3	477.88
554	800607002	干混抹灰砂浆 DP M15	m^3	482.30
555	800607003	干混抹灰砂浆 DP M20	m^3	486.73
556	800801003	界面砂浆 DB	m^3	2346.00
557	800801004	保温专用界面砂浆	m^3	2346.00
558	800803001	膨胀玻化微珠保温浆料	m^3	800.00
559	800909001	聚合物抗裂砂浆	kg	0.55
560	800909002	聚合物粘接砂浆	kg	0.48
561	801103002	白水泥砂浆 1：2	m^3	714.00
562	801103004	素水泥浆	m^3	677.10
563	801105003	喷涂抹灰石膏	t	1150.00
564	802101003	混凝土 C20	m^3	353.98
565	802101007	混凝土 C30	m^3	371.68

续前

序号	材料编码	材料名称	单位	不含税价
566	802101012	预拌混凝土 C20	m^3	353.98
567	802307001	轻集料混凝土（非泵送）	m^3	389.38
568	802307003	水泥珍珠岩 1：8	m^3	315.06
569	802509001	透水沥青混凝土	t	774.34
570	850103006	其他材料费（占材料费）	%	0.00
571	860113019	弹簧压力表 Y-100 0～1.6MPa	块	48.67
572	860113022	压力表表弯 *DN*15	个	7.08
573	860116009	整体式电磁热量表（法兰连接）	套	1327.88
574	860116010	整体式电磁热量表（螺纹法兰连接）	套	1327.88
575	860150008	数据采集仪	台	1592.92
576	860150014	环境测量装置	套	842.43
577	860201006	砂轮切割机	台	700.00